21世纪应用型本科系列教材

单片微型计算机原理与接口技术

主　编　申忠如

副主编　张　倩

编　者　申　淼　谭亚丽

西安交通大学出版社

XI'AN JIAOTONG UNIVERSITY PRESS

内容简介

本书在概括介绍微处理器、微型计算机和微型计算机系统的基础上，以 MCS－51 单片机为代表，系统讲述了其硬件结构和指令系统。为了适应当前单片机系统设计的潮流，在第 5 章专门讲述了 C51 程序设计。后三章分别介绍了单片机的系统扩展和应用系统设计等内容。

本书可作为大学本科相关专业的教学用书，也可作为在课程设计、电子设计训练、毕业设计和项目开发中的参考。

图书在版编目(CIP)数据

单片微型计算机原理与接口技术/申忠如主编. —西安:西安交通大学出版社,2013.8(2023.7 重印)

ISBN 978 - 7 - 5605 - 5625 - 3

Ⅰ.①单… Ⅱ.①申… Ⅲ.①单片微型计算机-理论-高等学校-教材②单片微型计算机-接口技术-高等学校-教材 Ⅳ.①TP368.1

中国版本图书馆 CIP 数据核字(2013)第 196874 号

书　　名	单片微型计算机原理与接口技术
主　　编	申忠如
责任编辑	任振国
出版发行	西安交通大学出版社
	(西安市兴庆南路 1 号　邮政编码 710048)
网　　址	http://www.xjtupress.com
电　　话	(029)82668357　82667874(市场营销中心)
	(029)82668315(总编办)
传　　真	(029)82668280
印　　刷	西安日报社印务中心
开　　本	787mm×1 092mm　1/16　印张　15.25　字数　365 千字
版次印次	2013 年 8 月第 1 版　2023 年 7 月第 3 次印刷
书　　号	ISBN 978 - 7 - 5605 - 5625 - 3
定　　价	26.00 元

如发现印装质量问题,请与本社市场营销中心联系。

订购热线:(029)82665248　(029)82667874

投稿热线:(029)82664954

读者信箱:jdlgy@yahoo.cn

前　言

随着微电子技术的进步和工业实际应用的需要,电子数字计算机在应用中向两个方向发展:一方面,发展为通用台式计算机系统,先后经历了 286、386、486 直至奔腾机的出现;另一方面,随着微控制器(MCU)的出现,发展为单片化嵌入式微型计算机系统,而在单片化的道路上,又逐渐分解为两种模式,其一是电子系统设计模式,在电子应用领域,面向电气设计工程师,实现测试、控制自动化和电子系统的智能化;其二是计算机应用模式,在嵌入式系统的软件和硬件平台上,面向计算机工程设计工程师,从计算机专业角度介入嵌入式系统应用,带有明显的计算机工程应用特点。

以数量来看,X86 的 CPU(包括 Intel 及 AMD 公司所生产的),总量加起来也抵不过其他种类 CPU 总消耗量的 0.1 ‰,这就说明绝大多数人会投入单片微型计算机应用设计。从上世纪 MCS－51 系统到今天广泛使用的 32 位嵌入式系统,其应用已经渗透到我们生活的各个方面。一般而言 32 位嵌入式系统具有更为强大的 CPU 和很强的数据处理能力,能处理复杂的多任务操作。MCS－51 系列单片机是较早投入嵌入式应用的 8 位机,由于其功能齐全、物美价廉,至今在嵌入式应用中仍占有一席之地,并且学好 MCS－51 单片机,可为后续 32 位嵌入式系统学习打下坚实基础,使读者可以较快地进入和掌握复杂的嵌入式系统的设计。

MCS－51 系列单片机也在不断地升级,如 SST89X564XX 单片机带有 72/40KB 的内 FLASH EEPROM,8 个中断源,4 个优先级,3 个定时/计数器和测试接口。有的还集成有 A/D 和 D/A 等,使功能更加强大。所以在一般功能要求不太复杂,特别是在智能化仪器仪表中,MCS－51 单片机应用仍很普遍。

基于上述两点,在大学本科教学中把 MCS－51 单片机原理及应用作一门大面积基础课程来讲授,可以收到使学生学习掌握微型计算机原理和初步具有设计嵌入式实用系统能力的双重功效。

本书编写的主导思想是:

(1) 吸收近年来单片机教材的优点,注重基础,着眼应用,以典型范例教学。通过课程学习,使学生进一步掌握"整机"概念,提高应用计算机特别是单片机的能力。

(2) 在内容选材上,简化了繁琐的内部结构原理的介绍,以器件外部接口性能为主。强调硬件接口应遵循电平、负载能力和速度匹配的三要素原则,注重新器件的使用,培养学生自行设计小型应用系统的能力。

(3) 在系统扩展中,以三总线 AB、CB、DB 为主线介绍了常用的接口设计,而将 IIC 总线、SPI 总线接口、微型打印机等部分内容平移到单片机专题训练中,作为扩充内容选用。

(4) 程序设计中,把汇编语言程序设计基础和 C51 语言程序设计放在同等重要的地位,对汇编语言的学习有利于对硬件的了解,而引入 C51 语言更符合当今开发产品的潮流。

(5) 开发了与本书配套的专题训练平台,收集了不少典型设计实例,其中大部分是作者多年从事教学和科研的积累。目的是扩充学生的知识面,引导读者学以致用和解决问题的能力。

全书共分八章。第 1 章概括介绍了微型计算机系统。第 2 章介绍了单片机的组成、结构分析和应用特点。第 3 章为单片机的指令系统及其汇编语言程序设计。第 4 章介绍了 MCS－51 的内部资源,分别是定时/计数器、串行通信、中断系统及其管理等。第 5 章介绍单片机 C51 程序设计基础。第 6 章介绍单片机系统的扩展,包括外部程序存储器、外部数据存储器及输入输出接口电路的扩展。第 7 章介绍 MCS－51 的人机对话接口,包括键盘与显示、输入通道中 ADC 转换接口、输出通道 DAC 转换接口及开关量变换电路等相关内容。第 8 章介绍单片机应用系统设计。包括基本结构、弱信号调理、采样保持、量程的自动转换及数据采集系统等。附录 1 为 MCS－51 单片机的指令系统,附录 2 为 ASCII 码字符表,附录 3 为 Keil51 编译指南,附录 4 为 C 语言中的关键字,附录 5 为 C 语言中的运算符及其优先级,附录 6 为常用的库函数。

本书由申忠如担任主编并编写了第 1、第 8 章,张倩担任副主编并编写了第 2、第 3、第 4 章,申淼编写第 5、第 6、第 7 章,谭亚丽编写第 5 章和附录。

为了节省篇幅,方便教学,作者将与该书配套的实践内容以及 PPT 课件一并放在西安交通大学出版社网站上,供不同类型的读者参考选用。

本书承蒙西安交通大学张彦斌教授审阅了全稿,提出了宝贵意见,在此表示衷心感谢。

作者在编写过程中,参阅了大量参考书籍和资料,学习和吸取了经验,同时得到了西安交通大学出版社的大力支持,在此一并表示衷心感谢。

限于水平和经验,本书难免存在不足和错误之处,敬请批评指正。

作　者

2013 年 7 月

于西安交通大学城市学院

目　录

前言

第 1 章　微型计算机系统概述 ·· （1）

  1.1　微处理器、微型计算机和微型计算机系统 ···················· （1）

    1.1.1　微处理器 ··· （1）

    1.1.2　微型计算机 ··· （2）

    1.1.3　微型计算机系统 ··· （3）

  1.2　微型计算机的发展与分类 ······································· （3）

    1.2.1　嵌入式系统 ··· （4）

    1.2.2　嵌入式系统与普通 PC 系统 ······························· （4）

    1.2.3　嵌入式系统与 MCS－51 系统 ···························· （5）

  1.3　存储器 ··· （6）

    1.3.1　半导体存储器的分类 ·· （6）

    1.3.2　只读存储器（ROM） ··· （7）

    1.3.3　静态 RAM 和动态 RAM ···································· （7）

    1.3.4　Flash 闪存* ··· （7）

  1.4　微型计算机和外设之间的数据传送 ···························· （8）

    1.4.1　接口电路的作用 ··· （8）

    1.4.2　CPU 和外设之间的数据传送方式——三总线方式 ····· （8）

    1.4.3　CPU 和外设之间的数据传送方式——串行方式 ······· （10）

    1.4.4　RS－232C 标准串行通信接口 ···························· （12）

  1.5　定时/计数器 ·· （14）

  1.6　MCS－51 系列单片机应用特性 ································· （14）

  1.7　MCS－51 系列单片机开发和开发工具 ························ （15）

第 2 章　MCS－51 单片机 ·· （17）

  2.1　MCS－51 单片机的内部结构框图 ····························· （17）

  2.2　CPU 结构 ·· （18）

  2.3　存储器 ··· （19）

  2.4　I/O 及相应的特殊功能寄存器 ·································· （24）

  2.5　MCS－51 引脚 ··· （26）

  2.6　MCS－51 的时序 ·· （28）

  2.7　单片机的低功耗操作方式 ······································· （30）

  本章小结 ·· （31）

  习　题 ·· （32）

第 3 章　单片机的指令系统 ……………………………………………………………… (33)

 3.1　MCS－51 单片机的助记符语言 …………………………………………………… (33)

 3.2　MCS－51 单片机的指令格式及寻址方式 ………………………………………… (34)

  3.2.1　指令一般格式 …………………………………………………………………… (34)

  3.2.2　寻址方式 ………………………………………………………………………… (34)

 3.3　数据传送指令 ………………………………………………………………………… (36)

  3.3.1　通用传送指令：MOV ………………………………………………………… (36)

  3.3.2　外部数据存储器(或 I/O 口)与累加器 A 传送指令——MOVX ………… (38)

  3.3.3　程序存储器向累加器 A 传送指令——MOVC ……………………………… (39)

  3.3.4　数据交换指令 …………………………………………………………………… (40)

  3.3.5　栈操作指令 ……………………………………………………………………… (40)

  3.3.6　位传送指令 ……………………………………………………………………… (41)

 3.4　控制转移类指令 ……………………………………………………………………… (41)

  3.4.1　无条件转移指令 ………………………………………………………………… (41)

  3.4.2　条件转移指令 …………………………………………………………………… (43)

  3.4.3　比较转移指令 …………………………………………………………………… (44)

  3.4.4　循环转移指令 …………………………………………………………………… (44)

  3.4.5　子程序调用和返回指令 ………………………………………………………… (45)

 3.5　算术运算指令 ………………………………………………………………………… (46)

 3.6　逻辑运算操作 ………………………………………………………………………… (49)

 3.7　伪指令 ………………………………………………………………………………… (51)

 3.8　汇编语言程序设计 …………………………………………………………………… (53)

  3.8.1　汇编语言源程序设计步骤 ……………………………………………………… (53)

  3.8.2　汇编语言程序的基本结构 ……………………………………………………… (54)

  3.8.3　汇编语言程序举例 ……………………………………………………………… (56)

 本章小结 …………………………………………………………………………………… (62)

 习　题 ……………………………………………………………………………………… (63)

第 4 章　MCS－51 的内部资源 ……………………………………………………………… (66)

 4.1　定时/计数器 ………………………………………………………………………… (66)

  4.1.1　定时/计数器的结构和工作原理 ……………………………………………… (66)

  4.1.2　定时/计数器工作模式和控制寄存器 ………………………………………… (66)

  4.1.3　定时/计数器的工作模式 ……………………………………………………… (68)

  4.1.4　编程举例 ………………………………………………………………………… (70)

 4.2　串行通信及其接口 …………………………………………………………………… (72)

  4.2.1　通用异步接收/发送 UART …………………………………………………… (72)

  4.2.2　MCS－51 的串行通信接口 …………………………………………………… (73)

  4.2.3　多处理机通信 …………………………………………………………………… (78)

  4.2.4　串行口程序设计举例 …………………………………………………………… (78)

 4.3　中　断 ………………………………………………………………………………… (81)

4.3.1　中断的概念 ·· (81)

4.3.2　MCS－51 单片机的中断系统及其管理 ····························· (81)

4.3.3　单片机响应中断的条件及响应过程 ······························· (84)

4.3.4　外部中断 ··· (85)

4.3.5　中断编程举例 ·· (86)

本章小结 ·· (89)

习　题 ··· (90)

第 5 章　单片机 C51 程序设计基础 ·· (92)

5.1　C51 程序的结构 ·· (92)

5.2　预处理命令 ··· (94)

5.2.1　宏定义 ·· (94)

5.2.2　文件包含 ··· (96)

5.2.3　条件编译 ··· (97)

5.3　数据类型、运算符与表达式 ··· (98)

5.3.1　数据类型、常量与符号常量 ··· (98)

5.3.2　变量及其存储空间 ··· (101)

5.3.3　Keil51 能识别的存储器类型 ··· (102)

5.3.4　8051 特殊功能寄存器及其 C51 定义 ································· (103)

5.3.5　C51 中对中断服务函数与寄存器组的定义 ························· (105)

5.3.6　运算符与表达式 ·· (106)

5.4　函　数 ·· (110)

5.4.1　函数定义的一般形式 ··· (110)

5.4.2　函数的调用与嵌套 ··· (111)

5.4.3　数据输入输出函数 ··· (113)

5.5　C 语句与程序设计 ·· (115)

5.5.1　表达式语句 ·· (115)

5.5.2　选择语句 ··· (115)

5.5.3　switch 语句 ·· (117)

5.5.4　循环语句 ··· (118)

5.5.5　goto 语句、break 语句和 continue 语句 ····························· (121)

5.6　指针变量 ··· (122)

5.6.1　指针变量定义和引用 ··· (122)

5.6.2　指针变量作为函数参数 ··· (123)

5.6.3　Keil51 的指针类型 ··· (124)

5.7　数　组 ·· (125)

5.7.1　一维数组的定义和引用 ··· (125)

5.7.2　二维数组的定义和引用 ··· (127)

5.7.3　指向数组元素的指针 ··· (128)

5.7.4　数组名作为函数的参数 ··· (129)

3

　　　5.7.5　字符数组与字符串 ……………………………………………………… (130)

　　5.8　结构体和共用体 ………………………………………………………………… (132)

　　　5.8.1　定义结构体类型的一般形式 ……………………………………………… (132)

　　　5.8.2　定义结构体类型变量 ……………………………………………………… (132)

　　　5.8.3　结构体变量的初始化 ……………………………………………………… (133)

　　　5.8.4　结构体变量的引用 ………………………………………………………… (134)

　　　5.8.5　结构体数组 ………………………………………………………………… (134)

　　　5.8.6　指向结构体类型的数据指针 ……………………………………………… (136)

　　　5.8.7　用结构体变量和指向结构体的指针作为函数参数 ……………………… (138)

　　　5.8.8　用 typedef 定义类型 ……………………………………………………… (139)

　　　5.8.9　共用体 ……………………………………………………………………… (140)

　　5.9　枚　举 ………………………………………………………………………… (142)

　　5.10　MCS－51 内部资源的 C51 编程举例 ………………………………………… (143)

　　　5.10.1　定时/计数器的编程举例 …………………………………………………… (143)

　　　5.10.2　串行口程序设计举例 ……………………………………………………… (146)

　　　5.10.3　中断编程举例 ……………………………………………………………… (150)

　　本章小结 ……………………………………………………………………………… (152)

第 6 章　单片机系统的扩展 ……………………………………………………………… (153)

　　6.1　基于三总线的系统扩展 ………………………………………………………… (153)

　　　6.1.1　外部总线的扩展 …………………………………………………………… (153)

　　　6.1.2　外部程序存储器的扩展 …………………………………………………… (154)

　　　6.1.3　外部数据存储器的扩展 …………………………………………………… (155)

　　　6.1.4　采用局部译码法产生 I/O 外设片选信号 ………………………………… (156)

　　　6.1.5　输入输出接口电路的扩展 ………………………………………………… (157)

　　6.2　系统监控芯片的接口扩展 ……………………………………………………… (158)

　　6.3　PC 机与 MCS－51 之间的串行通信 …………………………………………… (158)

　　本章小结 ……………………………………………………………………………… (162)

第 7 章　单片机基本接口与应用 ………………………………………………………… (163)

　　7.1　LED 显示器与键盘 ……………………………………………………………… (163)

　　　7.1.1　LED 显示原理 ……………………………………………………………… (163)

　　　7.1.2　LED 显示器与 MCS－51 的接口实例 …………………………………… (164)

　　　7.1.3　独立式键盘控制电路 ……………………………………………………… (165)

　　　7.1.4　键盘与显示编程举例 ……………………………………………………… (166)

　　7.2　显示与键盘控制器 7289A 芯片介绍 …………………………………………… (169)

　　　7.2.1　7289A 芯片简介 …………………………………………………………… (169)

　　　7.2.2　7289A 与 AT89C52 接口电路 …………………………………………… (172)

　　　7.2.3　C 语言程序举例 …………………………………………………………… (173)

　　7.3　液晶显示器与 89C52 的接口 …………………………………………………… (177)

　　　7.3.1　液晶模块 LCM12864 简介 ·· (177)

　　　7.3.2　LCM12864 液晶模块指令集 ·· (178)

　　　7.3.3　液晶模块 LCM12864 与单片机接口 ·· (179)

　　　7.3.4　C 语言程序举例 ·· (180)

　7.4　模拟输入量的转换与接口 ·· (187)

　　　7.4.1　ADC0809 的引脚说明 ··· (187)

　　　7.4.2　ADC0809 与单片机的接口电路 ·· (188)

　　　7.4.3　A/D 转换(0809)编程 ·· (189)

　7.5　模拟输出量通道的接口 ·· (190)

　　　7.5.1　DAC0832 的转换原理与引脚 ·· (190)

　　　7.5.2　DAC0832 与 MCS－51 单片机接口 ··· (191)

　　　7.5.3　D/A 转换器(DAC0832)程序举例 ·· (192)

　7.6　开关量的输入/输出接口 ··· (195)

　　　7.6.1　开关量的输入接口 ··· (195)

　　　7.6.2　开关量输出接口 ··· (195)

　本章小结 ··· (196)

第 8 章　单片机应用系统设计 ··· (197)

　8.1　基于单片机测控系统的基本结构 ·· (197)

　8.2　弱信号输入及调理电路 ·· (197)

　8.3　采样保持电路 ··· (200)

　　　8.3.1　采样保持电路原理 ··· (200)

　　　8.3.2　典型的采样保持器集成芯片 ··· (201)

　8.4　微型计算机的数据采集系统 ··· (202)

　　　8.4.1　单通道数据采集的结构形式 ··· (202)

　　　8.4.2　多通道数据采集的结构形式 ··· (203)

　　　8.4.3　输入通道与强电之间的隔离 ··· (204)

　　　8.4.4　量程的自动转换 ··· (204)

　8.5　12 位 A/D 数据采集电路设计 ·· (206)

　　　8.5.1　芯片简介 ··· (206)

　　　8.5.2　12 位 A/D 数据采集与单片机的接口 ·· (208)

　本章小结 ··· (213)

附录 1　MCS－51 单片机的指令系统 ·· (214)

附录 2　ASCII 码字符表 ·· (219)

附录 3　Keil51 编译指南 ··· (221)

附录 4　C 语言中的关键字 ·· (229)

附录 5　C 语言中的运算符及其优先级 ·· (230)

附录 6　常用的库函数 ··· (232)

参考文献 ··· (234)

第1章　微型计算机系统概述

1.1　微处理器、微型计算机和微型计算机系统

微处理器、微型计算机和微型计算机系统这三者的概念是不同的。图 1-1 表明了它们之间的关系。其中，微处理器一般由运算器、控制器和一些寄存器通过内部总线相连组成。而以微处理器为核心，由系统总线将数据存储器、程序存储器和输入输出接口组合成为一个整体，称为微型计算机。只有再配以外围设备和系统软件，才构成了微型计算机系统。

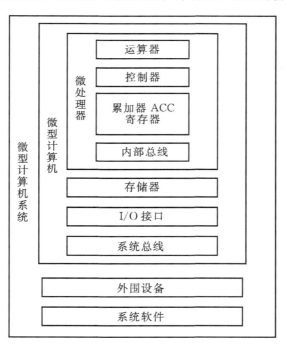

图 1-1　微处理器、微型计算机和微型计算机系统的关系

1.1.1　微处理器

微处理器 MPU(Micro Processor Unit)一般也称为中央处理器 CPU(Central Processing Unit)，它本身具有运算和控制的功能，是微型计算机的核心。市面上的 CPU 种类繁多，性能指标各不相同，但有如下共同的特点。

①它们都包含算术逻辑单元(ALU)、累加器、通用寄存器、程序计数器、指令寄存器和指令译码器、时序发生控制部件；

②可进行算术逻辑运算；

③提供系统时钟；

④可保存少量数据或程序；

⑤含有内部总线；

⑥能和存储器、外围设备进行数据交换；

⑦用来读取给计算机处理的数据或程序。

1.1.2　微型计算机

一个完整计算机包括运算器、控制器、数据(程序)存储器和输入/输出接口四大部分,这就是我们所说的通用计算机。而微型计算机则是把运算器和控制器集成(嵌入)在一个芯片上,我们称之为 CPU(或 MPU);将 CPU 集成在一个芯片上是"微"与"大中型"计算机的结构区别。

微型计算机的并行总线相当于传输信息的高速公路,根据所传输信息种类的不同,我们把并行总线分为数据总线、地址总线和控制总线。CPU 作为总线的主控者,负责输出地址和控制信息,存储器和接口都在 CPU 控制下进行信息的传递,如图 1-2 所示。

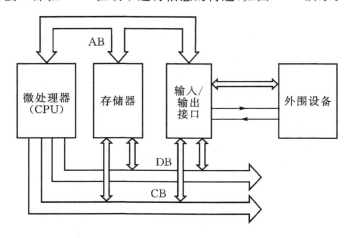

图 1-2　微型计算机硬件系统结构图

数据总线(Data Bus,DB)在控制总线的配合下传递 CPU 的输入/输出数据。数据总线由多条线构成的并行线路组成,其位数一般与累加器的位数相同,通常称为"计算机的位数"。数据总线是双向的,它的传输方向与传输的有效时刻都由控制总线的信号指出。

地址总线(Address Bus,AB)的作用是用来选择芯片或选择芯片中的单元,以便 CPU 通过控制总线让数据总线与该单元之间单独传输信息。例如数据总线为 8 位,即 8 位机,地址总线的位数 16 位,对应的寻址范围为 64Kbyte。其它还有 16 位机,地址总线的位数 20 位或 32 位不等。数据处理能力每次为单字节,如遇到多字节应当分为多次组合处理。

控制总线(Control Bus,CB)主要是与数据总线和地址总线配合起作用,负责传递数据总线或地址总线的有效时刻和数据总线的传输方向等信息。控制总线由单独起作用的多条线路组成,一般为单向。

随着大规模集成电路制造工艺的完善,在一个晶体芯片上嵌入了计算机的四大基本单元使之变成为一个完整的计算机,称之为单片微型计算机,有时称为嵌入式计算机,简称单片机,其结构如图 1-3 所示。

图 1-3　单片机硬件系统结构框图

一个单片机的 CPU 就是一个微处理器,给传统单片机定位的特称为微控制器(MCU)。单片机的出现是计算机技术发展史上的一个重要里程碑,它使计算机从海量数值计算进入到智能化控制领域。从而使得计算机技术逐步形成两大分支:即通用计算机和嵌入式计算机。

通用计算机是指非特殊行业和工作环境都能使用的计算机,平时我们购买的品牌 PC (Personal Computer)机都属于通用计算机系列。嵌入式计算机系统是面对测控对象,嵌入到应用系统中的计算机系统的统称,简称嵌入式系统(Embedded System)。

通用计算机系统主要满足海量、高速数值处理,兼顾控制功能;嵌入式计算机系统主要满足测控对象的控制功能,兼顾数值处理。

通用微机的存储器组织结构主要针对增大存储容量和 CPU 对数据的存取速度。在嵌入式计算机系统中,存储器的组织结构比较简单,存储器芯片直接挂接在单片机的总线上,CPU 对存储器的读写按直接物理地址来寻址存储器单元,存储器的寻址空间一般都为 64 KB。

在通用微机中,I/O 接口主要考虑标准外设(如 CRT、标准键盘、鼠标、打印机、硬盘、光盘等)。用户通过标准总线连接外设,能达到即插即用。

嵌入式计算机系统的外设都是面向用户的,且千差万别,种类很多。单片机的 I/O 接口实际上是向用户提供的与外设连接的物理界面。

1.1.3　微型计算机系统

微型计算机与外围设备、电源、系统软件一起构成的系统,称为微型计算机系统。外围设备简称外设。通用外设包括键盘、鼠标、显示器和打印机等。系统软件为计算机使用提供最基本的功能,可分为操作系统和支撑软件,其中操作系统是最基本的软件。系统软件负责管理计算机系统中各种独立的硬件,使得它们可以协调工作。系统软件使得计算机使用者和其它软件将计算机当作一个整体而不需要顾及到底层每个硬件是如何工作的。

1.2　微型计算机的发展与分类

自 1946 年第一台电子计算机问世以来,计算机技术得到了突飞猛进的发展。在六十多年时间,先后经历了六代的新旧更替:电子管计算机、晶体管计算机、集成电路计算机和大规模、超大规模计算机、"非冯·诺依曼"计算机等。

近三十多年来,微型计算机发展迅猛,几乎每 4 年更新换代一次,现已进入高档微处理器时代,其发展历程如下。

第一阶段(1974—1977 年)　初始阶段。以 4 位单片机为主,功能比较简单。如 1975 年美国 TI 公司推出第一台 4 位单片机 TMS-1000。

第二阶段(1976—1978 年)　探索阶段。单芯片形式,低档 8 位单片机。如 1976 年美国 Intel 公司生产的 MCS－48 系列单片机,这是第一台完全的 8 位单片机。MCS－48 的推出是在工控领域的探索,此后,各种 8 位单片机纷纷应运而生。

第三阶段(1978—1982 年)　完善阶段。提高电路的集成度,增加 8 位单片机的功能。如 Intel 公司在 MCS－48 基础上推出了完善的高档 8 位单片机系列 MCS－51。

第四阶段(1982—1990 年)　巩固和发展阶段。巩固发展 8 位单片机,推出 16 位单片机,向微控制器发展,强化了智能控制器的特征。如将 ADC、DAC 集成到单片机。

第五阶段(1990 年至今)　全面发展阶段。适合不同领域要求的单片机,如各种高速、大存储容量、强运算能力的 8 位、16 位、32 位和 64 位通用型单片机,还有用于单一领域的廉价的专用型单片机。

需要提及的是,微处理器的发展虽然按先后顺序经历了 4 位、8 位、16 位、32 位、64 位的阶段,但从实际使用情况看,并没有出现推陈出新、以新代旧的局面。4 位、8 位、16 位单片机仍各有应用领域,如 4 位单片机在一些简单家用电器、高档玩具中仍有应用,8 位单片机在中小规模应用场合仍占主流地位。16 位及 16 位以上的单片机通常用于比较复杂的控制系统中。

1.2.1　嵌入式系统

嵌入式系统是将先进的计算机技术、半导体技术和电子技术与各个行业的具体应用相结合的产物。这就决定了它必然是一个技术密集、资金密集、高度分散、不断创新的知识集成系统。

嵌入式系统的应用越来越广泛,它已经渗透到我们生活的各个方面。在电视机、DVD 播放机、电梯以及洗衣机等电器中都有一个 MCU 接受遥控指令并执行相应功能;目前 ARM 处理器在手机中的应用已成为该公司的最大市场之一。

通用计算机中的硬盘、光驱、光电式鼠标和 ADSL 网卡等都是用嵌入式微处理器控制的;嵌入式系统在工业控制和便携式仪器中的应用,更是不胜枚举。

嵌入式系统的应用如此广泛,以至于很难确切地给它下定义,但我们可以把它理解为:以应用系统为中心,以计算机技术为基础,软硬件可裁剪,并对功能、可靠性、成本、体积、功耗有严格要求的专用计算机系统。嵌入式系统一般由嵌入式微处理器、外围硬件设备、嵌入式操作系统以及用户的应用程序等四个部分组成,用于实现对其他设备的控制、监视或管理等功能。

1.2.2　嵌入式系统与普通 PC 系统

提到 CPU 我们直觉的会联想到 PC,但事实上 CPU 的应用领域、范围以及采用的数量都远远超过 PC 的范畴。以数量来看,X86 的 CPU,包括 Intel 及 AMD 公司所生产的,总量加起来也抵不过其它种类 CPU 总消耗量的 0.1 %,其中应用数量最大的是嵌入式系统。数量之大说明了嵌入式系统应用的范围之广,这也意味着没有什么所谓典型的嵌入式系统应用。嵌入式 CPU 还包括微控制器（Micro Controller）及数字信号处理器 DSP（Digital Signal Processor)等等。

通常我们提到的 DSP 有两个含义:其一,DSP 作为 Digital Signal Processing 的缩写,是指数字信号处理技术,围绕算法。20 世纪 60 年代以来,随着计算机和信息技术的飞速发展,数字信号处理技术应运而生并得到迅速的发展。数字信号处理是一种通过使用数学技巧执行转换或提取信息,来处理现实信号的方法,这些信号由数字序列表示。

其二,DSP 作为 Digital Signal Processor 的缩写,是指数字信号处理器,围绕控制;是一种独特的微处理器;是以数字信号来处理大量信息的器件。其工作原理是接收模拟信号,转换为 0 或 1 的数字信号,再对数字信号进行修改、删除、强化,并在其他系统芯片中把数字数据解译回模拟数据或实际环境格式。它不仅可编程,而且其实时运行速度可达每秒千万条复杂指令程序,远远超过通用微处理器,是数字化电子世界中日益重要的电脑芯片。它的强大数据处理能力和高运行速度,是最值得称道的两大特色。

嵌入式系统与普通 PC 的主要区别在于以下几方面。

1. 具有特定功能

与 PC 系统不同,嵌入式系统设计一般都是针对某些特定的应用场合,为了提高执行速度和系统可靠性,嵌入式系统中的软件一般都固化在存储器芯片或单片机内部,因此它的硬件和软件系统的可扩展性都相当有限。

2. 体积小

体积小是嵌入式系统的特点之一,以致你感觉不到它在系统中的存在。这一点是与微电子技术以及相关的片上系统 SOC(System On Chip)技术的快速发展分不开的。传统的设计要单独购买外设芯片和 CPU 进行接口,而 SOC 技术可以把外设包括模拟电路和 CPU 集成在一个芯片上。

3. 可靠性要求高

你能够容忍 PC 机一天死一次机,可是在工业生产线上的实时控制设备必须保证长期可靠运行,即使是一次出错也有可能造成严重的后果。因此,嵌入式系统一般都要进行专门的可靠性设计,以保证其在长期工作中稳定运行并能承受各种意外,如电源干扰、机械振动和突发的数据流量等冲击的能力。

随着 CPU 处理能力的日渐强大和半导体器件体积的缩小,嵌入式系统与 PC 系统的界限将越来越模糊。这是因为,在嵌入式系统的单片化的道路上,又逐渐分解为两种模式,其一是电子系统设计模式,即面向电气设计工程师,实现测试、控制自动化和电子系统的智能化;其二是计算机应用模式,在嵌入式系统的软件和硬件平台上,面向计算机工程设计的工程师,从计算机专业角度介入嵌入式系统应用,带有明显的计算机工程应用特点。例如,通用微机中的(CRT、标准键盘、鼠标、打印机、硬盘、光盘等)标准外设的开发。

1.2.3　嵌入式系统与 MCS−51 系统

嵌入式系统可以简单到一个以继电器方式工作下的温控系统,也可以复杂到类似于标准 PC 机一样:包括了存储系统、显示系统、人工交互设备和操作系统平台。一个简单的 8031 系统与复杂 32 位的嵌入式系统在本质上没有差别。但要注意以下几点。

1. CPU 的处理能力

32 位的嵌入式系统一般都有较强的 CPU。强的处理能力意味着可以运行功能强大的操作系统和处理更为复杂的协议。用以太网协议为例,在 8031 平台上,由于存储器容量和处理能力有限,能够实现并发的 TCP/IP(Transmission Control Protocol/Internet Protocol,传输控制协议)的连接相当困难,持续数据传输速率也仅能维持在几十 Kbytes/s 的水平。而使用

MCF5307CPU 可以轻松地实现数十个并发连接,总的数据吞吐率可以达到 1 Mbytes/s,同时还可以实现 HTTP(Hypertext Transport Protocol,超文本传送协议)、FTP(File Transfer Protocol,文件传送协议)和 SNMP(Simple Network Management Protocol,简单网络管理协议)等多种协议。如果采用 Linux 的操作平台,几乎所有的协议都可以在网上获得。

2. 复杂的嵌入式系统需要操作系统的支持

在单片机系统中,大多数程序采用前后台式的结构,即主程序是一个大循环,中断产生并在中断处理完毕后返回主程序。但绝大多数 32 位嵌入式系统使用多任务的操作系统,例如 VxWorks、Nucleus、WinCE 和 Linux 等。

使用操作系统的好处是可以使用多种现成的协议栈(包括商用和免费的),例如 TCP/IP 和文件系统等。基于操作系统的应用程序设计也可以借鉴或采用前人已有的成果。

通常在硬件设计无误的情况下,一个典型的嵌入式系统的开发在软件编写、调试和修改上所花的时间占整个项目时间的 70% 以上,可见软件已成为制约项目成败的关键因素。

3. 嵌入式系统必须以工程项目操作的方式开发

一个较为复杂的 32 位嵌入式系统,会涉及到硬件和软件多方面的知识。特别是在软件规模比较大的情况下,项目开发应将需求分析、方案设计、具体实现、测试与验证等步骤体现于设计文档之中。

4. MCS－51 系列单片机

MCS－51 系列单片机是较早投入嵌入式应用的 8 位机。由于其功能齐全,物美价廉而至今在嵌入式应用中仍占有一席之地。同时,MCS－51 系列单片机也在不断地升级,如 SST89X564XX 单片机带有 72/40KB 的内 FLASH EEPROM,8 个中断源,4 个优先级,3 个定时/计数器,和测试接口。有的还集成有 A/D 和 D/A 等,使功能更加强大,所以在一般功能要求不复杂,特别是在智能化仪器仪表中,MCS－51 单片机应用仍很普遍。

另外,学好 MCS－51 单片机,可以使学生学习掌握微型计算机原理和初步具有设计嵌入式实用系统能力的双重功效。所以,本书主要通过 MCS－51 单片机的设计原理为引子,为后续学习更高级的计算机,例如 32 位嵌入式计算机的应用设计奠定扎实的基础。

1.3　存储器

存储器(Memory)是计算机系统中的记忆设备,用来存放程序和数据。计算机中全部信息,包括输入的原始数据、计算机程序、中间运行结果和最终运行结果都保存在存储器中。它根据控制器指定的位置存入和取出信息,有了存储器,计算机才有记忆功能。按照制造存储器材料的不同,通常有磁性介质、光盘和半导体等。目前,半导体材质的存储器占据了主流市场。

1.3.1　半导体存储器的分类

按存储器的读写功能分只读存储器(ROM)和随机读写存储器(RAM)。只读存储器存储的内容是固定不变的,在计算机运行时,只能读出而不能写入;而随机读写存储器是既能读出又能写入的半导体存储器。

根据存储器在计算机系统中所起的作用,按存储器用途可分为主存储器、辅助存储器、高速缓冲存储器、控制存储器等。为了解决对存储器要求容量大、速度快和成本低三者之间的矛盾,目前通常采用多级存储器体系结构,即使用高速缓冲存储器、主存储器和外存储器。

高速缓冲存储器 Cache 高速存取指令和数据,存取速度快,但存储容量小。主存储器,即内存,存放计算机运行期间的大量程序和数据,存取速度较快,存储容量不大。外存储器,即外存,存放系统程序和大型数据文件及数据库,存储容量大,成本低。

1.3.2　只读存储器(ROM)

ROM 所存数据,一般是装入整机前事先写好的,整机工作过程中只能读出,而不像随机存储器那样能快速、方便地加以改写。ROM 所存数据稳定,断电后所存数据也不会改变;其结构较简单,读出较方便,因而常用于存储各种固定程序、表格和常数等。此内存的制造成本较低,常用于电脑中的开机启动。在主板上的 ROM 里面固化了一个基本输入/输出系统,称为 BIOS。其主要作用是完成对系统的加电自检、系统中各功能模块的初始化、系统的基本输入/输出的驱动程序及引导操作系统。

EPROM 和 EEPROM 性能同 ROM,但可改写。

EPROM(Erasable Programmable Read Only Memory,可抹除可编程只读内存)可利用高电压将资料编程写入,抹除时将线路曝光于紫外线下,资料可被清空,并且可重复使用。通常在封装外壳上会预留一个石英透明窗以方便曝光。

EEPROM(Electrically Erasable Programmable Read Only Memory,电子式可抹除可编程只读内存)之运作原理类似 EPROM,但是抹除的方式是使用电场来完成,因此不需要透明窗。

1.3.3　静态 RAM 和动态 RAM

一般计算机系统使用的随机存取内存(RAM)可分静态随机存取内存(SRAM)与动态(DRAM)两种。

其中,DRAM 需要由存储器控制电路按一定周期对存储器刷新,才能维系数据保存。这是因为 DRAM 存储电路以电容为基础,靠芯片内部电容电荷的有无来表示信息,为防止由于电容漏电所引起的信息丢失,就需要在一定的时间间隔内对电容进行充电,这种充电的过程称为 DRAM 的刷新。

而 SRAM 的数据则不需要刷新过程,在上电期间,数据不会丢失。其原因是 SRAM 存储电路以双稳态触发器为基础,其一位存储单元类似于 D 锁存器。数据一经写入只要不关掉电源,则将已知数据保持有效。

1.3.4　Flash 闪存*

Flash,即闪存,英文名称是"Flash Memory",一般简称为"Flash",它属于内存器件的一种,是一种不挥发性(Non-Volatile)内存。闪存在没有电流供应的条件下也能够长久地保持数据,其存储特性相当于硬盘,这项特性正是闪存得以成为各类便携型数字设备的存储介质的基础。

Flash Memory 的工作原理是存储单元为三端器件,与场效应管有相同的名称:源极、漏极和栅极。栅极与硅衬底之间有二氧化硅绝缘层,用来保护浮置栅极中的电荷不会泄漏。采用这种结构,使得存储单元具有了电荷保持能力,就像是装进瓶子里的水,当你倒入水后,水位就一直保持在那里,直到你再次倒入或倒出,所以闪存具有记忆能力。

与场效应管一样,闪存也是一种电压控制型器件。例如,NAND 型闪存的擦和写均是基于隧道效应,电流穿过浮置栅极与硅基层之间的绝缘层,对浮置栅极进行充电(写数据)或放电(擦除数据)。而 NOR 型闪存擦除数据仍是基于隧道效应(电流从浮置栅极到硅基层),但在写入数据时则是采用热电子注入方式(电流从浮置栅极到源极)。

NAND 闪存被广泛用于移动存储、数码相机、MP3 播放器、掌上电脑等新兴数字设备中。由于受到数码设备强劲发展的带动,NAND 闪存一直呈指数级的超高速增长。

1.4　微型计算机和外设之间的数据传送

1.4.1　接口电路的作用

微型计算机的外部设备多种多样,这些外设无论是在工作原理、驱动方式、信息格式或是工作速度方面彼此的差别很大,也就是说,外部设备不能与 CPU 直接相连,而是必须经过中间电路再与系统相连,这部分电路就称为接口电路。

接口电路按功能可分为两类:一个是使微处理器工作所需的辅助电路,通过这些辅助电路,使得微处理器得到所需要的时钟信号或接受外设的中断请求信号等;另一个是输入输出接口电路,利用这些接口电路,微处理器可以接收外设送来的信息或是将信息发送给外设,达到控制外设的功能。常见的外设如键盘、显示器、打印机和磁盘机等。

1.4.2　CPU 和外设之间的数据传送方式——三总线方式

1. 程序方式

程序方式传送实质在程序控制下进行信息的传送,可细分为两种传送方式:无条件传送和条件传送方式。

无条件传送方式下,程序设计较为简单,传送不能过于频繁,以保证每次传送时外设处于就绪状态,这种方式用于一些简单外设的操作,如开关、LED 数码管等。

条件传送方式也称为查询方式传送。CPU 通过执行程序不断读取并测试外设的状态,如果外设准备就绪,则 CPU 执行输入输出指令与外设交换信息。根据这种传送规则,接口电路除了有传送数据的端口以外,还有传送状态的端口。

2. 中断方式

中断传送方式就是外设中断 CPU 的工作,使得 CPU 停止执行当前程序,转而去执行一个数据输入/输出的程序,此程序我们称为中断处理子程序或中断服务子程序。中断服务子程序执行完后,CPU 又返回执行原来的程序。

中断系统是指能实现中断功能的硬件和软件,主要由与中断有关的特殊功能寄存器和硬件查询电路等组成。若计算机没有中断系统,就变为简单的顺序控制器。

在中断传送方式 CPU 不必花费大量时间读取并测试外设的状态,因为外设准备就绪,会主动给 CPU 一个中断请求信号。CPU 总是在每条指令的最后状态对中断请求信号进行检测;当某一中断源发出中断请求时,CPU 能根据相关条件(如中断优先级、是否允许中断)进行判断,决定是否响应这个中断请求。若允许响应这个中断请求,CPU 在执行完相关指令后,会自动完成断点地址压入堆栈,中断矢量地址送入程序计数器 PC,撤销本次中断请求标志,转入执行相应中断服务程序。这里提到的断点,即 CPU 被外设中断时,程序中下一条指令所在的位置。中断过程如图 1-4 所示。

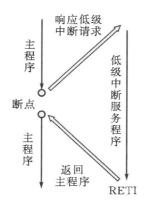

图 1-4　中断方式工作示意图

中断系统的功能一般包括进行中断优先排队、实现中断嵌套、自动响应中断和实现中断返回。中断的优点包括:可以提高 CPU 的工作效率、实现实时处理以及处理故障。

通常,微型计算机中有多个中断源,设计人员能按轻重缓急给每个中断源的中断请求赋予一定的中断优先级。当两个或两个以上的中断源同时请求中断时,CPU 可通过中断优先级排队电路首先响应中断优先级高的中断请求,等到处理完优先级高的中断请求后,再来响应优先级低的中断请求。中断套嵌如图 1-5 所示。

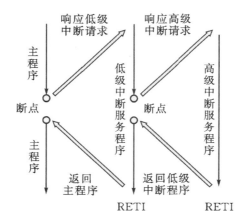

图 1-5　中断套嵌示意图

3. DMA 方式

DMA(Direct Memory Access),称为直接内存存取。其工作原理如图 1-6 所示。

一个设备接口试图通过总线直接向另一个设备发送数据(一般是大批量的数据),它会先向 CPU 发送 DMA 请求信号。外设通过 DMA 的一种专门接口电路——DMA 控制器

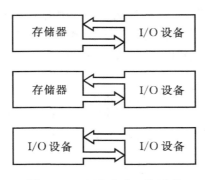

图 1-6　DMA 方式工作示意

(DMAC),向 CPU 提出接管总线控制权的总线请求,CPU 收到该信号后,在当前的总线周期结束后,会按 DMA 信号的优先级和提出 DMA 请求的先后顺序响应 DMA 信号。CPU 对某个设备接口响应 DMA 请求时,会让出总线控制权。于是在 DMA 控制器的管理下,外设和存储器直接进行数据交换,而不需 CPU 干预。数据传送完毕后,设备接口会向 CPU 发送 DMA 结束信号,交还总线控制权。

　　DMA 方式的主要优点是速度快。由于 CPU 不参加传送操作,因此就省去了 CPU 取指令、取数、送数等操作。在数据传送过程中,没有保存现场、恢复现场之类的工作。内存地址修改、传送字个数的计数等等,也不是由软件实现,而是用硬件线路直接实现的。所以 DMA 方式能满足高速 I/O 设备的要求,也有利于 CPU 效率的发挥。DMA 方式的工作过程是 DMA 请求即 CPU 对 DMA 控制器初始化,向 I/O 口发出命令,I/O 口提出 DMA 请求;DMA 响应即 DMA 控制器对 DMA 请求判别优先级别,向总裁决策逻辑提出总线请求,CPU 执行完当前指令;DMA 传输和 DMA 结束。

1.4.3　CPU 和外设之间的数据传送方式——串行方式

　　常见的串行总线有 I^2C、SPI、USB 等,下面我们重点说明 I^2C 总线和 SPI 总线的工作原理和时序结构。

1. I^2C 总线

(1) I^2C 总线原理[*]

　　I^2C(Inter-Integrated Circuit) 总线是一种两线制式串行总线,用于连接微控制器及其外围设备。其工作原理是由数据线 SDA 和时钟 SCL 构成的串行总线,由于 SDA 和 SCL 输出口是漏极开路门结构,所以需要在总线上的所有设备端的 SDA 和时钟 SCL 引脚上接上拉电阻,便可实现"线与"逻辑,允许多个兼容器件共享构成系统,使 CPU 与被控 IC 之间、IC 与 IC 之间进行双向传送。如图 1-7 所示。

　　每个设备的 I^2C 模块都有唯一的地址,使各控制电路虽然挂在同一条总线上,却彼此独立,互不相关。

　　I^2C 总线协议使用主/从双向通信。器件发送数据到总线上,则定义为发送器,器件接收数据则定义为接收器。主器件和从器件都可以工作于接收和发送状态。总线必须由主器件(通常为微控制器)控制,主器件产生串行时钟(SCL)控制总线的传输方向,并产生起始和停止

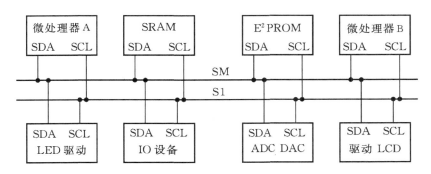

图 1-7　I²C 总线

条件或总线状态忙。

（2）I²C 总线协议与基本时序

I²C 总线在传送数据过程中共有三种类型信号，即开始信号、结束信号和应答信号。

开始信号：当 SCL 为高电平时，而 SDA 由高电平向低电平跳变，构成一个开始条件。

结束信号：当 SCL 为高电平时，而 SDA 由低电平向高电平跳变，构成一个停止条件。

应答信号：数据传输以 8 位由低到高序列进行。芯片在第九个时钟周期时将 SDA 置位为低电平，即送出一个确认信号（Acknowledge Bit），表示数据已经收到。若未收到应答信号，判断为从单元出现故障。

总线状态闲：SCL 为高电平时，SDA 为高电平。

总线状态忙：SCL 为高电平期间，SDA 状态的跳变被用来表示起始和停止条件，其他仅在 SCL 为低电平的期间 SDA 状态才能改变，其基本时序如图 1-8 所示。

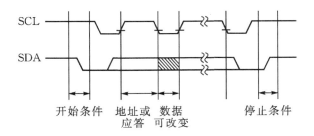

图 1-8　I²C 总线基本时序

不同的微型计算机对该总线的操作有不同的方式，例如，MCS-51 单片机没有可与该总线相连接的硬件接口，所以要用程序模拟上述时序完成接口功能。而 MSP430 单片机中具有与该总线能实现连接的无缝接口，即不必使用程序模拟，可以直接接口。

2. SPI 总线 *

（1）SPI 总线原理

串行外围设备接口 SPI（Serial Peripheral Interface）总线技术是 Motorola 公司推出的一种三线同步串行总线接口。允许 CPU 与各种外围接口器件以串行方式进行通信，交换信息。外围接口器件包括简单的 TTL 移位寄存器（用作并行输入或输出口）、A/D、D/A 转换器、实时时钟（RTO）、存储器至 LCD、LED 显示驱动器等。SPI 系统可直接与各个厂家生产的多种标准 SPI 外围器件直接接口。

典型的 SPI 总线接口使用四条线：串行时钟线（SCK）、主机输入/从机输出数据线 MISO、主机输出/从机输入数据线 MOSI 和附加一低电平有效的从机片选线/CS。采用 SPI 总线接口可以简化电路设计，节省很多常规电路中的接口器件和 I/O 口线，

（2）SPI 总线组成

在大多数应用场合，可使用 1 个 MCU 作为控机，并向 1 个或几个从外围器件传送数据，从器件只有在主机发命令时才能接收或发送数据。其数据的传输格式是高位（MSB）在前，低位（LSB）在后。SPI 总线接口系统的典型结构如图 1-9 所示。

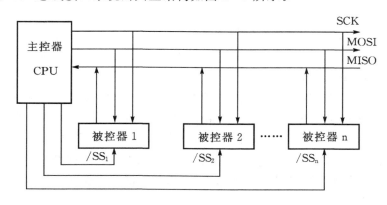

图 1-9　SPI 总线构成

当一个主控机通过 SPI 与几种不同的串行 I/O 芯片相连时，必须使用每个芯片的片选，这可通过 MCU 的 I/O 端口输出线来实现，片选无效的芯片输出端应处于高阻态，对于无片选的芯片输出端应加三态门控制。输出芯片的串行数据输入只有在此芯片片选有效时，SCK 脉冲才把串行数据移入该芯片；在片选无效时，SCK 对芯片无影响，若没有片选控制端，则应在外围用门电路对 SCK 进行控制，然后再加到芯片的时钟输入端。当只在 SPI 总线上连接 1 个芯片可省去片选端。

与 I²C 总线类似，MCS-51 单片机没有可与该总线直接相连接的硬件接口，所以要用程序模拟上述时序完成接口功能，而 MSP430 单片机中具有与该总线直接相连接的接口，能实现无缝对接。

1.4.4　RS-232C 标准串行通信接口

串行通信通常指无线发射与接收，这里提到的串行通信接口是指需要通过硬件连接。

串行通信的两种工作方式：同步传送和异步传送。同步传送要求有时钟控制实现发送端和接收端之间的严格同步，要求硬件电路较为复杂。本书仅介绍异步传送。

在异步传送中，每个字的传送要用起始位和停止位作为字传送的开始和结束标志，它是以字为单位一个一个地顺序发送和接收的。

1. 异步传送的格式

起始位：表示字传送的开始，其功能是通知接收设备新的字传送到达，做好接收准备。

字符位：规定低位与起始位相连，高位紧挨停止位，中间可加奇偶校验位。

停止位：表示字传送结束，停止位后可加高电平的空闲位。

从起始位到截止位称为一帧。

可见，异步传送必须约定好字符的格式，即起始位、数据位、奇偶校验位和停止位的格式，如图 1-10 所示。

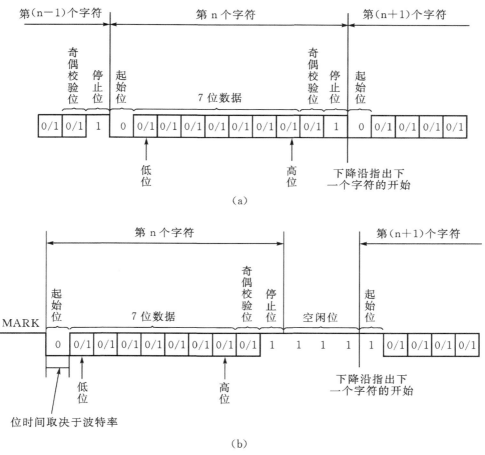

图 1-10　异步通信的格式

2. 数据传送的速率

数据传送的速率称为波特率，表示每秒钟传送多少位。

例如：计算某计算机的串行传送，每秒传送 120 个字的数据，一个字的编码为 10 位，则有 $120\times10=1200$（位/秒），称为该数据的传送速率为 1200 波特率。由于真正的有效数据为 7 位，所以有效数据传送速率为 840/波特率。

3. 串行数据传送的方向

一般传送数据的两站 A 和 B 之间是双向传送，即两站既能发送也能接收。

当 A 站只能发送，B 站只能接收，称为单工传送。如图 1-11(a)所示。

当 A、B 两站同时只能是一个发送而另一个接收，或者反之称为半双工传送。如图 1-11(b)所示。

当 A、B 两站在任何时刻都能既同时发送又同时接收称为全双工传送。如图 1-11(c)所示。

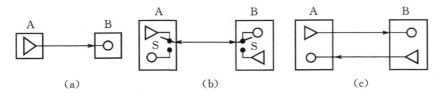

(a) 　　　　　　 (b) 　　　　　　 (c)

图 1-11　串行通信数据传送的三种方式

(a) 单工方式；(b) 半双工方式；(c) 全双工方式置后

1.5　定时/计数器

在测控系统中，常用到一些定时或延时以及对外部事件的计数。微机的定时信号可以用软件和硬件两种方法获得。

如果用软件定时法，一般都是根据需要的时间常数设计一个延时子程序，设计者必须根据每条指令占用的机器周期严密计算并准确测试，以确保延时时间符合要求。

如果用硬件的方法，就要用到定时/计数器。在简单软件控制下，产生准确的时间延时。这种方法的关键是根据定时时间，用指令对定时/计数器设置定时常数，并用指令去启动定时/计数器，于是定时/计数器开始计数，计到确定值时，便产生一个定时输出。在定时/计数器开始工作以后，CPU 不必去管它，而可以去做其他的工作。这种方法最突出的优点就是不占用CPU 的时间，受到广泛应用。

1.6　MCS－51 系列单片机应用特性

从应用的角度考虑基本上有两点：其一是可靠性，和其他集成芯片一样主要体现在芯片的温度使用范围。一般民品温度范围是 0℃～70℃，工业级为－40℃～85℃，而军品级为－55℃～125℃。其二是有多种产品型号可供选择，MCS－51 的基本型产品是 8751 和 8031，主要区别是：8751 片内有 4K 字节的 EPROM；8051 片内有 4K 字节的 ROM；而 8031 无 ROM 和 EPROM，程序存储器必须外接。其它功能完全相同，从学习 MCS－51 系列单片机来讲，初学者只须以 8051 为例，然后逐步深入。单片机在控制领域的优点如图 1-12 所示。

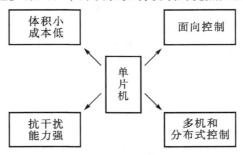

图 1-12　单片机的应用特性

目前 8031、8051、8751 在我们开发产品中很少使用,而是按照实际要求选用增强型如 80X52 系列的芯片。例如 89C52,属于 CMOS 工艺的芯片,它的功耗低,而片内有 8K 字节的 E^2PROM;而 89C55 芯片中有 3 个 16 位定时计数器,片内有 20K 字节的 E^2PROM,并具有两级程序保密系统。

SST89X564XX 器件带有 72/40KByte 的片内 FlashEEROM、内存储器、8 个中断源、4 个优先级、3 个定时/计数器,功能更加强大。

随着超大规模集成电路的发展,根据系统性能的要求,以 CPU 为核心,将 A/D、D/A、前置电路和显示接口电路等全部进行嵌入设计后,烧写在一个芯片中,从而使系统简化,实现了真正的"系统单片机"的应用设计。

1.7　MCS—51 系列单片机开发和开发工具

只有在单片机上加上外设和软件配合,调试成为一个应用系统形成产品才具有实际意义。

1. 开发的定义

从提出任务到定型生产、投入使用的过程称为开发。这包括对总体方案的论证、硬件系统设计与调试、软件系统的编程与调试,最后直到目标样机的调试成功和现场投入使用等。

2. 开发的特点

软件和硬件不可分割,即在应用系统的硬件设计时,同时生成软件设计框图和实现方法;或者考虑到编程的组态、易维护等原因反过来修改硬件设计。但总的一个原则,尽量多使用软件的功能,简化硬件系统的设计,提高系统的可靠性。外设系统采用可编程器件,尽量使用功能强的新器件,可使系统得到简化。

3. 开发手段

硬件调试比较容易,只需编制出简单的单元调试程序使系统运行,同时用示波器、万用表测试即可,当系统复杂时也可使用逻辑分析仪。

软件调试目前多用 KEIL51 软件,它集编辑、编译、仿真为一体,支持汇编、PLM 语言和 C 语言的程序设计,界面友好,易学易用,是目前对单片机进行调试最好的软件之一。

4. 开发工具

(1)设计一种通用的调试程序工具

把开发系统的 CPU 和 RAM 暂时出借给用户控制板(控制系统),利用开发系统进行调试,然后把调试好的程序固化到 EPROM 中。

①把 8031 芯片和 EPROM 拔掉,通过仿真头插上虚拟单片机(开发系统)。

②开发系统的功能有硬件电路的检查与诊断,用户程序的输入与修改,程序的运行调试,单步、断点和连续等,程序能固化到 EPROM 中等。常用的开发系统(开发工具)如图 1—13 所示。将应用系统单片机 CPU 拔掉,插入仿真头,通过计算机仿真并编译,然后将目标代码固化到程序储存器中。

(2)在特定的集成开发环境(IDE)中编程调试

比如应用最广泛的 KEIL uVision2,设计者可通过硬件仿真器对目标系统进行在线编程和调试,如图 1—14 所示。

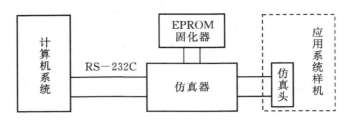

图 1-13　常用的开发系统框图

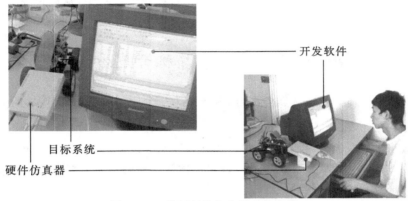

图 1-14　使用硬件仿真器在线编程

（3）采用 ISP(In System Program,在系统编程)技术

电路板上的空白器件可以编程写入最终用户代码,而不需要从电路板上取下器件,已经编程的器件也可以用 ISP 方式擦除或再编程。

ISP 的实现相对要简单一些,一般通用做法是内部的存储器可以由上位机的软件通过串口来进行改写,如图 1-15 所示。

图 1-15　使用 ISP 软件在系统编程

对于单片机可以通过它的串行接口接收上位机传来的数据并写入存储器中。所以即使我们将芯片焊接在电路板上,只要留出和上位机接口的这个串口,就可以实现芯片内部存储器的改写,而无须再取下芯片。ISP 技术的优势是不需要编程器就可以进行单片机的实验和开发,单片机芯片可以直接焊接到电路板上,调试结束即成成品,免去了调试时由于频繁地插入取出芯片对芯片和电路板带来的不便。

第 2 章 MCS—51 单片机

2.1 MCS—51 单片机的内部结构框图

MCS—51 单片机(8051)的内部结构框图如图 2-1 所示。内部集成有：

8 位 CPU,片内振荡器电路；

4K 字节 ROM,128 字节 RAM；

21 个特殊功能寄存器；

32 根 I/O 线；

可寻址各 64KB 的外部数据、程序存储器空间；

2 个 16 位的定时/计数器；

中断结构：具有 2 个优先级,5 个中断源；

1 个全双工串行口；

有专用位处理机功能,适于布尔处理。

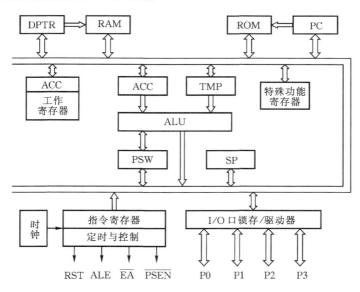

图 2-1 MCS—51 单片机的内部结构框图

把框图中 4KB ROM 换为 EPROM,就是 8751 的结构框图,如去掉 ROM/EPROM 部分即为 8031 的框图。对于初学者而言,仅讲述 8031,但在实际应用时,多采用如 89C52(内有 8KB 的 EEPROM)、89C55(内有 20KB 的 EEPROM 和三个定时/计数器)。

2.2　CPU 结构

1. 运算器

运算器是以算术逻辑运算单元 ALU 为中心,可完成二进制数的四则运算 ＋、－、×、÷、加 1、减 1、BCD 修正和逻辑与、或、异或、求反、清 0、左右循环移位等。这里必须强调,在 MCS－51 中位处理有自己专门的累加器"C"和位地址空间(包含片内数据 RAM 的 128 位和某些特殊寄存器的地址空间)。所以它是一个独立的位处理器。

在运算器中,用户常访问的寄存器有累加器 A、寄存器 B 和状态标志寄存器 PSW,它们都是 8 位寄存器。通常累加器 A 在运算前暂存一个操作数,而运算后又保存其结果。B 寄存器用于乘法和除法操作,对其他指令只能做一个暂存器用。而标志寄存器 PSW 则是用于存放运算结果的一些特征,对于打"＊"标志的必须熟记。其每位具体含义见表 2－1。

表 2－1　PSW 寄存器各位功能、标志符号、位地址

功能	标志	位地址
＊进位标志	CY＝1 表示有进借位	PSW.7
辅助进位标志	AC＝1 表示有半进借位	PSW.6
用户标识	F0	PSW.5
＊寄存器组选择 MSb	RS1 工作寄存器组选择	PSW.4
＊寄存器组选择 LSb	RS0 工作寄存器组选择	PSW.3
＊溢出标志	OV＝1 有溢出	PSW.2
保留	……	PSW.1
＊奇偶标志	P＝1 表示累加器中 1 的个数为奇	PSW.0

2. 控制器与时钟电路

控制器是 CPU 的神经中枢,它包括指令寄存器 IR、指令译码器 ID、16 位地址指针 DPTR、16 位程序计数器 PC 及堆栈指针 SP 等。

其工作过程是 CPU 从程序存储器中取出指令后送入指令寄存器 IR 中,经指令译码器译码产生一种或几种电平信号与系统时钟统一在 CPU 定时与控制电路中组合,形成按一定时间节拍变化的电平和脉冲控制信号,其作用是对内协调各部件的工作,例如数据传送、存储、运算、输出等;对外发出时序控制信号,例如地址锁存 ALE、外部程序存储器选通/PSEN("/"表示低电平有效,以后类同)/RD 和/WR 信号等。

时钟是时序的基础,MCS－51 的时钟电路由片内的反相放大器和外接的两个电容和晶体振荡器构成。时钟可以由两种方式产生,即内部方式和外部方式,分别如图 2－2(a)和(b)所示。

一般晶体振荡频率可在 1.2MHz—12MHz 之间选择,这时电容 C 可选对称的 10pF～30pF。当使用 89C55 时振荡频率可以提高到 24MHz。

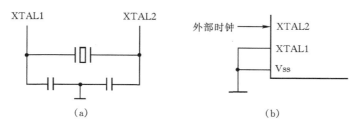

图 2-2　时钟产生电路

2.3　存储器

1. MCS—51 的存储器结构特点

数据存储器与程序存储器的寻址空间互相独立,按物理结构有四个独立空间:内、外程序存储器、内部数据存储器和外部数据存储器。从逻辑空间上来看有三个独立空间,如图 2-3 所示。

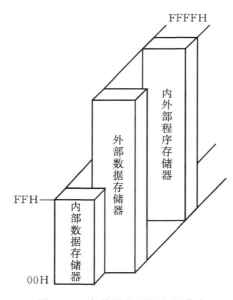

图 2-3　存储器的逻辑空间分布

内外程序存储器,处于一个逻辑空间,可寻址范围 0000H—FFFFH;

片内数据存储空间,可寻址范围 00H—FFH;

外部数据存储空间(包括 I/O 口),可寻址范围 0000H—FFFFH。

2. 程序存储器

用于存储指令、常数、表格等,从使用角度应掌握如下内容:

控制信号/EA=1 时程序先片内后片外自动连续运行;例如 89C52 内部有 8K 字的 EEPROM 就可使/EA=1,先从内程序区开始执行程序,当 PC 值超过内部 8K(0000—1FFF)字节,才会转到从 2000H 开始的外程序区执行程序,当/EA=0 时程序直接从片外程序区开始执行程序。

　　程序计数器 PC 为 16 位,决定了可寻址范围内外程序存储器不超过 64KB。当上电复位后,PC 初始化值为 0000H,所以程序必须在 0000H—0002H 中安排一个跳转指令,用户程序首址必须安排在跳转后的地址上。而在 0003H—0023H 间固定安排了"5 个"中断处理程序的入口地址,其中:0003H 为/INT0 的中断指针入口地址;000BH 为 T0 的中断指针入口地址;0013H 为/INT1 的中断指针入口地址;001BH 为 T1 的中断指针入口地址;0023H 为串口的中断指针入口地址。

　　每个入口地址占 8 个字长度,当中断服务程序长度不超过 8 个字时,直接可以将服务程序一起写入;当中断服务程序长度超过 8 个字时,应转到中断服务程序的首地址开始编写。

　　对外程序存储器访问,单片机提供地址信号,P2 口提供 AB(地址总线)高 8 位。在 ALE 控制下,先将 P0 口的地址信号锁存到 573 中提供可用的低 8 位地址,然后才能读程序。程序存储器的特点是只读。在 51 中,有一条专门指令 MOVC 和专用的控制引脚/PSEN 配合访问程序存储器。其访问条件是:在硬件连线中,将 PSEN 与程序存储器的允许输出端相连。

3. 外部数据存储器

　　外部数据存储器空间包括外部数据存储器 RAM 和输入输出 I/O 接口空间。访问路径是使用 16 位地址指针 DPTR 直接寄存器寻址,同样由 P2 口提供高 8 位地址,P0 口经 573 提供低 8 位地址,在时序上则产生相应读/RD 或写/WR 信号,完成对外部 RAM 或 I/O 的读写。

　　访问方式有专门的指令 MOVX,当外部 RAM 容量小于 256 字节时,也可以用 8 位地址访问。一般使用 R0、R1 为地址指针间接寄存器寻址。当寻址范围在 256 字节—64K 字节,则可设置低 8 位寻址空间 256 字节为一个页面,R0、R1 可寻址页面内任意一个存储器,P2 口的引脚设置为页面地址。

4. 内部数据存储器

　　从应用角度来说,搞清内部数据存储器的结构和地址分配十分重要,否则就无法学好指令系统和编程。

　　内部数据存储器地址空间为 00H—FFH。其中,内部数据 RAM 地址空间为 00H—7FH,特殊功能寄存器(SFR)的地址空间为 80H—FFH,只能用直接寻址方式(机型不断升级也有的单片机具有和地址 80H—FFH 重叠的数据存储器,不过在该地址范围内用间接寻址访问),如图 2-4 所示。

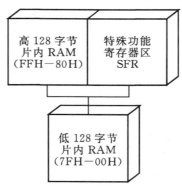

图 2-4　内部数据存储器的结构

（1）内部数据 RAM 单元

内部 RAM 单元可作为工作寄存器区、数据缓冲区、栈区和可按位操作的位寻址区,如图 2-5 所示。

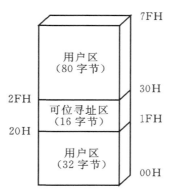

图 2-5　片内 RAM 区结构

① 内部工作寄存器区

地址:00H—1FH 共 32 个寄存器;

组成:共分四个组,每组 8 个寄存器 R0—R7;

选择:由标志寄存器中 RS1(PSW.4)、RS0(PSW.3)选择决定组号。其关系见表 2-2。

表 2-2　RS1、RS0 与工作寄存器组的关系

RS1	RS0	组号	地址
0	0	0♯	00H—07H
0	1	1♯	08H—0FH
1	0	2♯	10H—17H
1	1	3♯	18H—1FH

其作用一是当需要快速保护现场只需改变 RS1、RS0 这两位,就可完成一组 8 个寄存器的切换,这对程序保护寄存器内容提供了方便;二是暂存运算的中间结果,提高运算速度。

其中 R0—R7 可以用作加 1 减 1 计数器,R0、R1 也可以用间址作为 8 位地址指针。

工作寄存器区也可以作为 RAM 单元使用。

② 位地址空间:20H—2FH,也可以以字节寻址。

③ 30H—7FH:为数据缓冲区、堆栈区、工作单元,只能以字节寻址。

④ 堆栈寄存器 SP(8 位)所选择的栈区原则是可在片内 128 个单元中任意开辟;当复位时(SP)=07H 指向工作寄存器的第 0 组尾。规定向上生成,具有压入步进增 1,先进后出的特点,所以用户堆栈恰好用到第 1 组工作寄存器。当系统复杂,用户只用一个工作寄存器组不够时,应将栈区安排在(SP)=30H 以后,因为 20H—2FH 为位地址空间。这里应分清堆栈寄存器 SP 是 SFR 中的一个特殊寄存器,地址是 81H,而栈区是该堆栈指针(SP)中的数据,该数据就是指向 RAM 区的地址单元。

（2）特殊功能寄存器(SFR)

地址空间 80H—FFH,SFR 块反映了 8051 的状态和控制字。它可分为以下两类。

其一是对芯片内部功能的控制,例如:中断屏蔽 IP、优先级控制 IE 以及对 A、B、PSW、SP、DPTR、TMOD、TCON、T0、T1、SCON、SBUF 等控制。

其二是对芯片引脚有关控制,例如对 P0 口—P3 口的功能控制。

特殊功能寄存器如表 2-3 所示。可以看出它们都有固定字节地址,打 * 号的还可按位寻址,所以对特殊寄存器来说直接找到地址是唯一的访问方式。

表 2-3　MCS—51 特殊功能寄存器一览表

符　号	地　址	注　释
* ACC	E0H	累加器
* B	F0H	乘法寄存器
* PSW	D0H	程序状态字
SP	81H	堆栈指针
DPL	82H	数据存储器指针(低 8 位)
DPH	83H	数据存储器指针(高 8 位)
* IE	A8H	中断允许控制器
* IP	D8H	中断优先控制器
* P0	80H	端口 0
* P1	90H	端口 1
* P2	A0H	端口 2
* P3	B0H	端口 3
PCON	87H	电源控制及波特率选择
* SCON	98H	串行口控制器
SBUF	99H	串行数据缓冲器
* TCON	88H	定时器控制
TMOD	89H	定时器方式选择
TL0	8AH	定时器 0 低 8 位
TL1	8BH	定时器 1 低 8 位
TH0	8CH	定时器 0 高 8 位
TH1	8DH	定时器 1 高 8 位

(3) 位地址空间

MCS—51 系列单片机有强的布尔处理功能和丰富的位操作指令,在硬件上有自己的累加器 C 和位地址空间。

① 位地址:对于 8031 位地址有 213 位,其中在内部 RAM 中字地址 20H—2FH 中共有 128 位,在 SFR 块中从字地址 80H—FFH 之间,对 8031 有意义的共 85 个位。表 2-4 和表 2-5 分别列出 RAM 位地址和特殊功能寄存器的位地址。

② 位地址与字地址的区分：大多数位传送、逻辑操作均围绕"C"进行；位清 0、位置位、位求反等意义明确。

位跳转只有两类方式 JC、JNC 和 JB、JNB、JBC，其余的一些指令均为字节操作。注意若访问未定义过的位地址，则写入数据将丢失，读出数据是随机数。

表 2 - 4　RAM 位地址

（MSB）							（LSB）	
7FH 〜 30H								127 〜 48
2FH	7F	7E	7D	7C	7B	7A	79	78	47
2EH	77	76	75	74	73	72	71	70	46
2DH	6F	6E	6D	6C	6B	6A	69	68	45
2CH	67	66	65	64	63	62	61	60	44
2BH	5F	5E	5D	5C	5B	5A	59	58	43
2AH	57	56	55	54	53	52	51	50	42
29H	4F	4E	4D	4C	4B	4A	49	48	41
28H	47	46	45	44	43	42	41	40	40
27H	3F	3E	3D	3C	3B	3A	39	38	39
26H	37	36	35	34	33	32	31	30	38
25H	2F	2E	2D	2C	2B	2A	29	28	37
24H	27	26	25	24	23	22	21	20	36
23H	1F	1E	1D	1C	1B	1A	19	18	35
22H	17	16	15	14	13	12	11	10	34
21H	0F	0E	0D	0C	0B	0A	09	08	33
20H	07	06	05	04	03	02	01	00	32
1FH 18H	BanK3							31 24
17H 10H	BanK2							23 16
0FH 08H	BanK1							15 8
07H 00H	BanK0							7 0

注:第一列的十六进制数表示字节地址。第二到第九列分别表示位地址。第十列是用十进制表示的字节地址。

表 2 - 5　特殊功能寄存器位地址

字节地址	D_7	D_6	D_5	D_4	D_3	D_2	D_1	D_0	寄存器符号名	
F0	F7	F6	F5	F4	F3	F2	F1	F0	B	
E0	E7	E6	E5	E4	E3	E2	E1	E0	ACC	
	CY	AC	F0	RS1	RS0	OV		P		
D0	D7	D6	D5	D4	D3	D2	D1	D0	PSW	
			PT2	PS	PT1	PX1	PT0	PX0		
B8	—	—	BD	BC	BB	BA	B9	B8	IP	位地址空间 80H	F7H
B0	B7	B6	B5	B4	B3	B2	B1	B0	P3	
	EA		ET2	ES	ET1	EX1	ET0	EX0		
A8	AF	—	AD	AC	AB	AA	A9	A8	IE	
A0	A7	A6	A5	A4	A3	A2	A1	A0	P2	
	SM0	SM1	SM2	REN	TB8	RB8	TI	RI		
98	9F	9E	9D	9C	9B	9A	99	98	SCON	
90	97	96	95	94	93	92	91	90	P1	
	TF1	TR1	TF0	TR0	IE1	IT1	IE0	IT0		
88	8F	8E	8D	8C	8B	8A	89	88	TCON	
80	87	86	85	84	83	82	81	80	P0	

2.4　I/O 及相应的特殊功能寄存器

　　MCS-51 有 4 个 8 位 I/O 口,分别记作 P0 口、P1 口、P2 口和 P3 口,每个口位包含了一个端口锁存器即特殊功能寄存器、输入缓冲器、一个输出驱动器和引至芯片外的端口引脚。这种结构使各口在做 I/O 时作为数据输出口用时总是经过锁存,所以可直接和外设相连。

　　在数据输入时直接经缓冲器读入,各口在做 I/O 口使用时受到锁存器原始状态的影响,例如 P1 口的某位锁存器原始状态为"0"时,输出驱动器为导通状态,从而使该位无法读入"1"。所以在作输入口时必须将该锁存器置"1",然后再做引脚输入操作。由于这种操作必须附加一个准备动作,所以称为准双向口。

在实际应用中,由于单片机在上电复位后 P0~P3 口输出高电平,自然满足读写要求,且在程序中对要使用的 I/O 口总是先用程序定义该口为输入还是输出口。所以对使用者来说应关心的是各口的基本功能、上电复位状态和负载能力。

通常在 MCS—51 单片机组成的系统中,各个口的分工如下。

P0 口:双向数据/地址分时复用口;可驱动 8 个 TTL 输入,只有在用作 I/O口时必须加上拉电阻,但通常极少用于I/O口。其一位的结构原理如图 2 - 6 所示,显然 P0 口是由同样的 8 个电路并行组成。

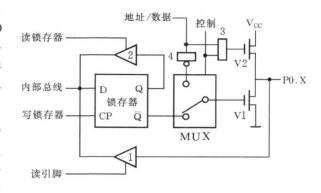

图 2 - 6　P0 口位逻辑图

锁存器起输出锁存作用,8 个锁存器构成了特殊功能寄存器 P0;场效应管组成输出驱动器,以增大带负载能力;两个三态门一个是引脚输入缓冲器;另一个用于读锁存器端口;与门、反相器及模拟转换开关构成了输出控制电路。

当 P0 口作为地址/数据分时复用总线,可分为两种情况:一种是从 P0 口输出地址或数据,另一种是从 P0 口输入数据。

在访问片外存储器时,需从 P0 口输出地址或数据信号时,控制信号应为高电平"1",使转换开关 MUX 把反相器 4 的输出端与 V1 接通,同时把与门 3 打开。

当地址或数据为"1"时,经反相器 4 使 V1 截止,而 V2 导通,P0.X 引脚上出现相应的高电平"1"。

当地址或数据为"0"时,经反相器 4 使 V1 导通而 V2 截止,引脚上出现相应的低电平"0"。这样就将地址/数据的信号输出。

对使用者来说,不必关心它的工作原理,因为该口极少用于 I/O 口。当用于双向数据/地址分时复用口时,读写操作必然是在程序控制下进行,使用者只要编写好读写操作指令,然后执行之,就自动完成任务。

P1 口:标准 I/O 口,可驱动 3 个 TTL 输入。其一位的内部结构如图 2 - 7 所示。P1 口作为通用 I/O 口使用时,是准双向口,其特点是在输入数据时,应先把口写全"1",使场效应管关断,引脚处于"浮空"状态,这样才能做到高阻输入,以保证输入数据的正确。

它在结构上,输出驱动部分由场效应管 V1与内部上拉电阻组成。当某位输出高电平时,可以提供拉电流负载。在 8032/8052 中,P1.0 和P1.1 还可以用来作为定时/计数器 2 的外部输入。

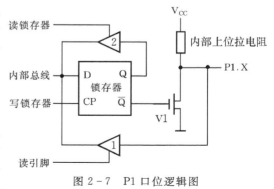

图 2 - 7　P1 口位逻辑图

P2 口:高 8 位地址口;可驱动 3 个 TTL 输入,很少用于 I/O 口,其一位的内部结构如图 2-8 所示。

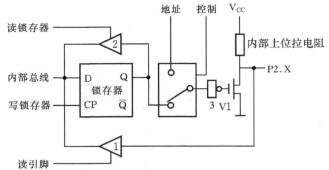

图 2-8　P2 口位逻辑图

当作为外部扩展存储器的高 8 位地址总线使用时,控制信号使转换开关接上端,由程序计数器 PC 来的高 8 位地址 PCH,或数据指针 DPTR 来的高 8 位地址 DPH 经反相器和场效应管原样呈现在 P2 口的引脚上,输出高 8 位地址 A8～A15。在上述情况下,口锁存器的内容不受影响,所以,取指或访问外部存储器结束后,由于转换开关又接至左侧,使输出驱动器与锁存器 Q 端相连,引脚上将恢复原来的数据。

P3 口:双向功能口;可驱动 3 个 TTL 输入,通常用于第二功能,P3 口位逻辑如图 2-9 所示。这时各引脚定义功能见表 2-6。当该口的个别第二功能未用时,可用作 I/O 口,但必须首先用位操作定义。例如,Keil 汇编语言中,无需定义,直接使用 P3、P3.0 等名称。

在 KEIL C51 中,一般加入 #include <reg51.h>,就已经定义好 P0～P3 的功能。

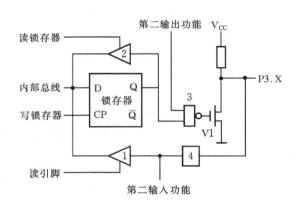

图 2-9　P3 口位逻辑图

表 2-6　P3 口的第二功能

端口位	第二功能	注　　释
P3.0	RXD	串行输入口
P3.1	TXD	串行输出口
P3.2	/INT0	外部中断 0
P3.3	/INT1	外部中断 1
P3.4	T0	计数器 0 计数输入
P3.5	T1	计数器 1 计数输入
P3.6	/WR	外部数据 RAM 写入选通信号
P3.7	/RD	外部数据 RAM 读出选通信号

2.5　MCS-51 引脚

MCS-51 单片机是采用 40 引脚双列直插封装的芯片,有些引脚具有两种功能,引脚如图 2-10 所示。引脚功能如下。

V_{CC}:电源＋5V。

VSS:接地。

XTAL1 和 XTAL2:使用内部振荡电路时,用来接石英晶体和电容;使用外部时钟时,用来输入时钟脉冲。

P0 口:双向数据/地址分时复用口。

P1 口:准双向通用 I/O 口。

P2 口:高 8 位口地址总线口。

P3 口:按位定义的第二功能口,未用第二功能的引脚可定义为 I/O 口。

ALE/PROG:地址锁存信号输出端。在访问片外存储器时,ALE 为高电平有效时,P0 口输出地址低 8 位,用 ALE 信号做外部地址锁存器的锁存信号。$f_{ALE} = f_{OSC}/6$,可以做系统中其他芯片的时钟源。第二功能 PROG 是对 8751 的 EPROM 编程时的编程脉冲输入端,近年来很少用。

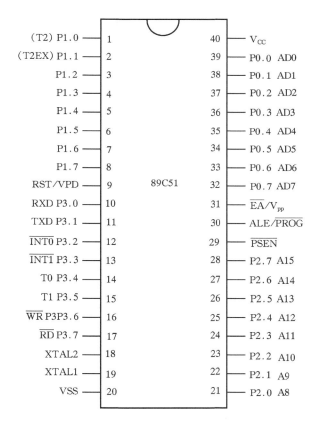

图 2 - 10   MCS—51 引脚图

RST/VPD:复位信号输入端。接通电源后,在该引脚施加大于两个机器周期(24 个振荡周期)的高电平,就可使单片机完成内部的复位工作。第二功能是 V_{pd},即备用电源输入端。当主电源 V_{CC} 发生故障,降低到低电平规定值时,V_{pd} 将为 RAM 提供备用电源,以保证存贮在 RAM 中的信号不丢失。

$\overline{EA}/V_{PP}$:/EA＝1 时程序先片内后片外自动连续运行;例如:89C52 内部有 8K 字的 EEP-ROM 就可使/EA＝1,先从内程序区开始执行程序,当 PC 值超过内部 8K 字节(0000—1FFF),才会转到从 2000H 开始的外程序区执行程序,当/EA＝0 时程序直接从片外开始执行程序。在对 8751 的 EPROM 编程时,此脚接编程电压 12.5V。

$\overline{PSEN}$:片外程序存储器选通信号,低电平有效(也可以用/PSEN 表示)。

复位后 P0—P3 口输出高电平,SP 指向 07H,程序计数器 PC 被清 0。各内部寄存器初态如表 2－7 所示。

表 2－7　MCS－51 复位后内部寄存器初态

特殊功能寄存器	初始状态	特殊功能寄存器	初始状态
ACC	00H	TCON	00H
B	00H	TH0	00H
PSW	00H	TL0	00H
SP	07H	TH1	00H
DPL	00H	TL1	00H
DPH	00H	SCON	00H
P0～P3	0FFH	SBUF	不定
IP	×××00000B	PCON	0×××××××B
IE	0××00000B		
TMOD	00H		

注:×为任意数。

2.6　MCS－51 的时序

MCS－51 单片机的基本操作周期为机器周期,一个机器周期可分 6 个状态(S1—S6),每个状态由两个振荡脉冲组成。前一个脉冲叫 P1,后一个脉冲叫 P2。所以一个机器周期共有12 个振荡脉冲。

时序是由单片机的控制器产生,对使用者来说可以用示波器观察 XTAL2 端有无振荡脉冲产生,在 ALE 端观察有无 ALE 地址锁存脉冲;通常 ALE 脉冲周期为 6 倍的振荡周期,但注意在访问外部存储器时,例如在执行 MOVX(单字节双周期)指令时,在第二个机器周期内由于不取指令而不出现一次 ALE。用户常通过观察振荡脉冲和 ALE 波形判断单片机是否工作。

1. 外部程序存储器的操作时序

外部程序存储器的操作时序如图 2－11 所示。取指令时,读外部程序存储器。这时 P2口、P0 口扩展的总线上出现的或者是指令地址(PCH、PCL),或者是指令码。其中 P0 口分时输出 PCL 和输入指令码。取指一开始,S2Pl 之后 P2 口输出 PCH,P0 口输出 PCL;S3Pl 时,/PSEN变为有效低电平,存储器输出允许。S4Pl 时,按 PC 值读出的指令出现在数据总线 P0口上,CPU 在$\overline{PSEN}$的上升沿前将指令读入,并寄存到指令寄存器 IR。

从图中可以看到,在访问外部程序存储器的一个周期时序中,ALE 信号与$\overline{PSEN}$信号两次有效。这表示在一个机器周期中,允许单片机两次访问外部程序存储器,即取出两个指令字

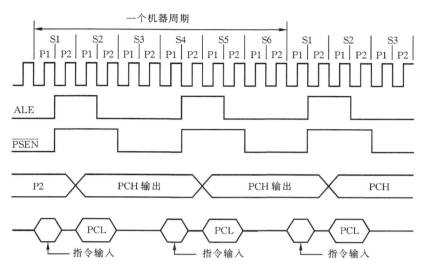

图 2-11　外部程序存储器读指令时序

节。对于单字节指令(多数指令为单字节),第二次读出的同
一指令被放弃。

　　由于图 2-11 时序比较复杂,在实用中,经常使用图
2-12 简化时序图来分析,从图中可以看出,对于程序存储器
的访问总是地址先有效,选中字节,然后数据有效,在 $\overline{\text{PSEN}}$
低电平有效时指令读入。在 $\overline{\text{PSEN}}$ 无效时,才将数据和地址
撤除。这种时序在其他单片机中也是适用的。

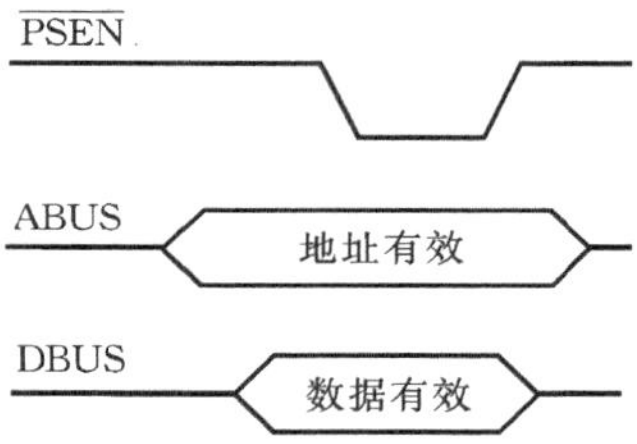

2. 外部数据存储器的操作时序

　　外部数据存储器的读、写操作时序如图 2-13 所示。该
时序由两个机器周期组成,第一周期为取指周期,第二周期为读/写周期。

图 2-12　外部程序存储器读指
令简化时序

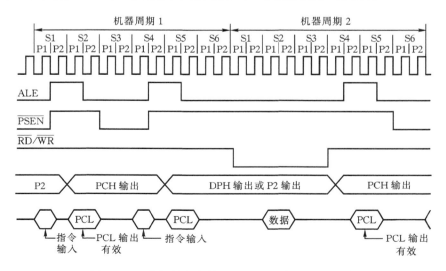

图 2-13　外部数据存储器的取指和读/写周期时序

当取出 MOVX 指令时,P2 口和 P0 口扩展的外部总线上分时出现该指令地址 PCH、PCL值及其指令码;执行指令时,外部总线分时出现外部 RAM 地址 DPH、DPL 及读写的数据。

在取指周期(周期 1)的 S2 期间 ALE 有效,P2 口输出 PCH,P0 口输出 PCL,ALE 的下降沿将 PCL 值存入地址锁存器。S3、S4 期间,按 P2 口和地址锁存器的地址取出的指令出现在 P0 口,在 $\overline{PSEN}$ 的上升沿前,CPU 将取出的指令存入指令寄存器 IR。在 S5 期间 P2 口输出外部 RAM 地址 DPH,P0 口输出 DPL,执行周期(周期 2)的 Sl 以后,读/写信号 $\overline{RD}/\overline{WR}$ 变为有效,其间按照 DPTR 输出的地址,对外部 RAM 进行读写操作,S2 期间读/写数据出现在数据总线即 P0 口,在 $\overline{RD}/\overline{WR}$ 信号的上升沿前,数据被读入单

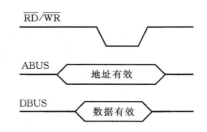

片机或被写入寻址的地址单元。从时序图中可以看到,机器周期 1 中 ALE 两次有效,在周期 2 中,ALE 只有效一次。因此在执行 MOVX 指令时,ALE 信号不是固定频率的信号,不适合作为时钟使用。

对外部数据存储器(包括 I/O 口)的读写操作,也可以用简化时序来分析,如图 2-14 所示。其要点是地址总线(包括地址总线译码形成的片选信号和片内地址选择)有效,然后数据总线有效,这样,在读写信号有效时,将数据读入或写出。在 $\overline{RD}/\overline{WR}$ 撤除后,数据和地址才能撤除。同理,该简化时序对于其他的单片机中也适用。

图 2-14 外部数据存储器的取指和读/写简化时序

2.7 单片机的低功耗操作方式

CMOS 型单片机有两种低功耗操作方式:节电操作方式和掉电操作方式。在节电方式时,CPU 停止工作,而 RAM、定时器、串行口和中断系统继续工作。在掉电方式时,仅给片内 RAM 供电。

CMOS 型单片机用软件来选择操作方式,由电源控制寄存器 PCON 中的有关位控制,规定如下:

(MSB)   (LSB)

SM0D	—	—	—	GF1	GF0	PD	IDL

IDL(PCON. 0)为节电方式位。IDL=1 时为激活节电方式。

PD(PCON. 1)为掉电方式位。PD=1 时为激活掉电方式。

GF0(PCON. 2)为通用标志位。GF1(PCON. 3)为通用标志位。

1. 节电方式

执行 IDL 位置 1 的指令后,MCS-51 就进入节电方式。CPU 的状态、栈指针 SP、程序计数器 PC、程序状态字 PSW、累加器 ACC 及通用寄存器的内容被保留。V_{cc} 仍为 5V,但消耗电流由正常工作方式的 24mA 降为 3.7mA。

退出节电方式:一是硬件复位;二是中断激活,此时 IDL 位将被硬件清除,

2. 掉电方式

执行 PD 位置 1 的指令后,80C51 就进入掉电工作方式。掉电后,片内振荡器停止工作,只

有片内 RAM 的内容被保持。掉电方式下 V_{cc} 可以降到 2V，耗电仅 $50\mu A$。退出掉电方式的唯一途径是硬件复位。应在 V_{cc} 恢复到正常值后再进行复位，复位时间需 10ms，以保证振荡器再启动并达到稳定。

　　在进入掉电方式前，V_{cc} 不能掉下来，因此要有掉电检测电路，如图 2-15 所示。图中采用比较器实现掉电检测，在该电路中，R 都选择 $1k\Omega$，稳压管选择 2.4V。电源正常为 5V 时，输出为低电平，当电源 V_{cc} 低于 4.8V 时，比较电路输出高电平。假如 Alert 接至 P1.0，则通过 CPU 查询可以检测到它的变化，从而通过程序转向控制 80C51 进入掉电工作方式。

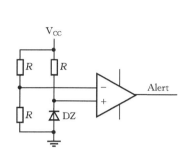
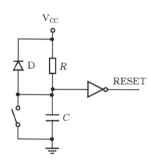

图 2-15　掉电检查电路　　　　　图 2-16　阻容复位电路

3. 上电复位电路

　　通过阻容组成一阶电路，为使得输出复位信号的上升沿尽量陡峭，可在其后加一级带有施密特特性的反相器。如图 2-16 所示，它包含了上电自动复位和手动复位，通常 R 取值 $10k\Omega$，C 取值 $10\mu F$。

本章小结

　　(1) 计算机的硬件组成为运算器、控制器、存储器和 I/O 口四大部分，单片机是在一个芯片上集成了上述四大部分。

　　(2) 熟记 PSW 寄存器中各位标志的含义：重点掌握 OV 溢出标志，P 奇校验标志，CY 进位标志和 RS1、RS0 选择工作寄存器组，地址范围为 00H—1FH，由 RS1 和 RS0 选择分为四个组，互相切换，可替代堆栈，保护现场。

　　(3) 存储器寻址空间，从逻辑上来看有三个独立空间，内外程序 0000H—FFFFH。

　　片外数据包括 I/O 口 0000H—FFFFH。片内数据空间 00H—FFH。其中，00H—7FH 为片内数据存贮，80H—FFH 之间是特殊功能寄存器空间。

　　(4) 上电复位后，主程序从 0000H 开始，而 0003H—0027H 安排了 5 个中断源的中断处理入口地址，其中：0003H 为 /INT0 的中断指针入口地址；000BH 为 T0 的中断指针入口地址；0013H 为 /INT1 的中断指针入口地址；001BH 为 T1 的中断指针入口地址；0023H 为串口的中断指针入口地址。所以 0000H—0002H 必须安排一条无条件跳转指令。上电复位后，SP＝07H，当栈区用一个寄存器组不够时，在程序初始化中必须给 SP 赋初值，例：SP＝30H。

　　(5) MCS—51 的布尔处理功能强大，明确位地址空间，并能通过表 2-4 和表 2-5 查找到相应的位地址；能看懂表 2-3 中的名称和符号，能查找到相应字地址值。

（6）4 个 I/O 口和对应的特殊功能寄存器：

① P0 口通常只能用于数据口，并通过 8D 锁存器提供低八位地址 A0—A7

P2 口通常只能作地址的高八位 A15—A8

P1 口只能用于 I/O 口

P3 口常用于第二功能，不使用的口可以定义为 I/O 口

② 它们的驱动能力应按选择的器件手册为准。通常，P0 口可驱动 8 个 TTL 器件，P2 口、P1 口、P3 口可驱动 3 个 TTL 器件

（7）看懂 MCS－51 的时序，有利于内容的学习和调试，更有利于今后学习更高一级单片机。最低要求是看懂简化时序，明确片选、寻址位有效和读写位有效时的先后次序的配合。

（8）上电复位电路最好使用"看门狗"复位电位，它既有上电自动复位和手动复位功能，又有程序控制的"看门狗"复位功能。并注意复位后 CPU 内部寄存器的初始状态。

习 题

1.单片机的组成部分为_____、_____、_____、_____。

2.MCS－51 系列单片机可访问的物理空间有 _____、_____、_____、_____。从逻辑上来看有_____、_____、_____。外部数据存储器最大可寻址空间为_____。

3.51 系列单片机的数据总线宽度为_____位；地址总线宽度为_____位。P2 口常用作_____；P0 口常用作_____、_____；P1 口才是真正的_____。

4.对于 MCS－51 系列单片机而言，常用 _____器件锁存地址低 8 位。用于锁存地址低 8 位的 8 个输入来自于_____端口。锁存地址低 8 位的 8D 触发器的锁存信号来自于单片机的_____信号。

5.51 系列单片机上电复位后堆栈指针 SP 的初始值为 _____，最大容量是_____。

6.MCS－51 系列单片机的/PSEN 信号常和外部程序存储器的_____相连。/WR 信号常和外部数据存储器的_____相连。/RD 信号常和外部数据存储器的_____相连。

7.在应用系统中，MCS－51 系列单片机的/EA 引脚接地表示_____。/EA引脚接＋5V表示_____。

8.MCS－51 系列单片机的特殊功能寄存器（SFR）的地址在_____范围内，只能用_____寻址方式进行操作。

9.MCS－51 系列单片机的工作寄存器组有_____个，工作寄存器组处在内部 RAM 的_____之间。选择工作寄存器组的寄存器是_____。

10.在 MCS－51 系列单片机中，当主频为 12MHz 时，一个振荡周期为_____，机器周期为_____。

11.单片机复位后，程序从_____地址开始执行，用户在程序的开始使用跳转指令转移到_____以后，因为从_____到_____单元分别固定用于_____、_____、_____、_____中断服务入口地址。

12.单片机内部数据存储器共有_____个字节的地址空间，其中内部数据 RAM 地址_____，位地址空间的地址范围_____，而地址号为 128—255 的字节范围为_____。

第3章　单片机的指令系统

指令是指示计算机执行的某些操作命令,一台计算机所能执行的全部指令的集合称为指令系统。一条指令是机器语言的一个语句,包括操作码和操作数。对于不同的指令,指令字节数有所不同。MCS－51单片机共有111条指令,其中单字节指令49条,双字节指令45条,三字节指令17条。指令执行速度,有64条指令可在12个振荡周期执行完,45条指令要用24个振荡周期,最长的单字节乘、除法指令也仅用48个振荡周期。若采用89C55芯片,主振频率24MHz,单字节乘、除法指令执行时间也只有2 μs,这在处理一般测控系统时,速度已足够了。MCS－51指令系统按其功能可分为:数据传送指令、转移指令、算术指令、逻辑运算指令和十进制指令等。

3.1　MCS－51单片机的助记符语言

学习单片机的目的就是为了使用它组成应用系统,而应用系统包括硬件系统和软件系统,在硬件系统设计无误的情况下,还必须按要求编制出正确的程序。程序是由指令集合而成。指令可以用高级语言编写,也可用机器指令代码编写。

有关程序语言描述不是本书所要求的范围,但应该清楚地知道,高级语言与操作系统,操作系统与实时操作系统,机器语言与汇编语言等概念。但不管是高级语言还是汇编语言,它们的执行代码都是由二进制数表示的机器代码组成。

在大中型计算机组成的系统中,由于硬件功能强大,有强的处理能力,意味着可以运行功能强大的操作系统和处理更为复杂的协议,方便了用户,即用户可用高级语言编出用户程序,完成复杂的协议处理。但读者应知道,用户用高级语言编写的程序,最终也被计算机所配置的软件(解释、编译程序)翻译成机器码组成的指令执行。

MCS－51单片机是8位机,它不可能装入操作系统,所以就不可能处理复杂的协议,用MCS－51组成的硬件系统,大多数是采用前后台的工作结构:即主程序是一个大循环,中断产生时,跳转到中断服务程序,中断处理完成后,又返回主程序。它的指令是面向机器语言的代码,机器码指令编出的程序结构紧凑,执行速度快,更适合于实时控制系统的场合,所以虽然编写较繁,但不能被高级语言完全取代。

但是,机器语言不利于理解和记忆,想直接使用代码形式编程是极不方便的,且要完成较复杂的程序几乎是不可能的。为了记忆的方便,制造厂家对指令系统的每一条指令给出了助记符和十六进制的码对应表;把机器语言用助记符形式写出称为汇编语言。根据操作功能和对象进行分类,使用户在看到助记符就会达到"望文生义"的效果。便于理解记忆,用户用助记符语言编写出的应用程序,经汇编后生成目标代码。

助记符一般由操作码和操作数两部分组成,操作码反映了该指令的功能,操作数指出了操作对象。学习汇编语言对掌握单片机的硬件系统非常重要。

把汇编语言翻译成机器语言,不仅可用手工汇编,而且也可以用机器汇编,初学者在入门时应熟悉手工汇编,有利于对硬件系统的学习,而在开发调试时应改为机器汇编。

在真正开发项目时,软件调试目前多用 KEIL 51 软件,它集编辑、编译、仿真为一体,支持汇编、PLM 语言和 C 语言程序设计。本书将在后续章节介绍如何将 KEIL 51 软件装入 PC 机、C51 程序设计以及通过串口对自己设计的系统进行仿真、调试等。

3.2　MCS－51 单片机的指令格式及寻址方式

3.2.1　指令一般格式

[标号]:操作码助记符[第一操作数],[第二操作数];[注释]

标号:表示该指令所在的符号地址,一般由大写字母或大写字母加数字串组成。

　　　例如:ABC　　Q3　　PAT　　　D678 均为标号的允许格式。

　　　　　5AC　　－PTR　10AB　＋A 等均为标号不允许的格式。

操作码:表示操作功能,操作数表示操作对象,一条指令可以有两个操作数(三字节指令)、

　　　　一个操作数(双字节指令)或没有操作数(单字节指令),但必须有操作码。

注释:为帮助记忆,注释内容在汇编时不产生目标代码。

3.2.2　寻址方式

如何将源地址中的数据拷贝取出,经运算后放到目的地址中去的寻找地址的方式,称为寻址方式。在寻址方式中,一般包含了两种地址的寻找,即以什么方式找到源地址和以什么方式找到目的地址。本节中由于前 6 种目的地址都是累加器 A,所以寻址方式以源地址来命名,而在后面的注释则用“目的/源”形式的寻址方式注释。

一般在计算机系统中,寻址方式越多,表明其功能越强,灵活性越大。

学习 MCS－51 指令系统就必须掌握寻址方式,它可以帮助读者理解记忆指令的功能。MCS－51 指令系统按寻址方式可分为以下 7 种。

1. 立即寻址

MOV A，♯71H ；A←♯71H，♯表示立即数，←表示数据传输方向 ；累加器/立即数

2. 直接寻址

MOV A，3AH ；A←(3AH),其中(3AH)表示 3AH 单元中的内容 ;累加器/直接地址

在直接寻址时,指令中包含了操作数地址,操作数存在该地址单元中,可用于直接寻址的空间是,内部 RAM 低 128 字节包括其中的可位寻址区与特殊功能寄存器。

3. 寄存器寻址

MOV A，R0 ；A←(R0),其中(R0)表示 R0 中的内容 ;累加器/寄存器

在寄存器寻址时指定某一可寻址的寄存器中的内容为操作数。

可用寄存器寻址的空间是:R0—R7、ACC、CY(位)、DPTR、AB。其中:对寄存器 ACC、B、DPTR、CY 其寻址时具体的寄存器隐含在其操作码中的低三位指明,而用户在 PSW 中选择

RS1,RS0 确定寄存器组。

4. 寄存器间接寻址

MOV A，@R1 ；A←((R1))，R1 中存放的是操作数地址 ;累加器/间址

在寄存器间接寻址时,指令中给出的寄存器的内容为操作数的地址,而将操作数地址中的内容传送到 A 中。

例如:寄存器 R0 内容为 20H,片内 RAM 20H 单元的内容为 25H。执行 MOV A,@R0 如图 3-1 所示,将 R0 的内容 20H 作为操作数的地址,根据这一地址找到内部 RAM 20H 单元,将其内容 25H 传送至累加器 A,指令执行结果是累加器 A 中内容为 25H。

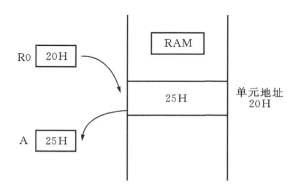

图 3-1　寄存器间接寻址示意图

MCS-51 中可以用 R0 或 R1 间接寻址片内 128 字节或片外 RAM 的 256 字节范围,可以用 DPTR 或 PC 间接寻址 64K 字节外部 RAM 包括 I/O 口或程序存储器。

5. 变址寻址

MOVC A，@A+ DPTR 　；A←((A)+(DPTR)) ;累加器/变址

在变址寻址时,由指令指定的偏移量寄存器中的内容和变址寄存器 PC 或 DPTR 中的内容相加所得的结果作为操作数的地址,即 A 为偏移量寄存器,内容为无符号位数,它和 DPTR 中的内容相加,得到操作数地址。不论用 DPTR 或 PC 作为基址指针,变址寻址方式都只适用于 MCS-51 的程序存储器,通常用于读取数据表格。

例如:在程序存储器中 2000H 单元有一条双字节的相对转移指令"SJMP 75H"。变址寻址过程如图 3-2 所示,最终(PC)=2077H。

6. 相对寻址

SJMP rel ；PC←(PC)+2+rel 　；累加器/相对

在相对寻址时,由指令中指定的地址偏移量 rel 与本指令所在的单元地址(即程序计数器 PC 中的内容)相加得到真正操作数的地址。

偏移量有正有负,以补码形式给出(-128-+127)。

例如:JC 80H ；含义是 C=1 时跳转,跳到 PC←(PC)+2+80H

注意:80H 是-128 的补码。

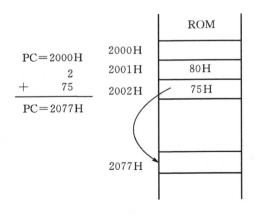

图 3-2　相对转移指令操作示意图

7. 位寻址

SETB bit　；bit←1；位寻址

在位寻址时,操作数是可位寻址的某一位,其位地址出现在指令中。

可用于位寻址的空间是:内部 RAM 的可位寻址区和 SFR 区中的字节地址可以被 8 整除（即地址以"0"或"8"结尾）的寄存器所占空间。

3.3　数据传送指令

3.3.1　通用传送指令:MOV

格式:MOV <目的字节>, <源字节>

1. 立即数送累加器 A 和内部数据存储器(Rn、片内 RAM、SFR)

MOV A, #data　　　；A←#data　　　立即数#data 送入 A 中;累加器/立即数

MOV data, #data　　；data←#data　　立即数送入 data 地址单元中;直接/立即数

MOV @Ri, #data　　；(Ri)←#data　　立即数送 Ri 指定的地址单元中;间址/立即数

MOV Rn, #data　　　；Rn←#data　　　立即数送 Rn 单元中;寄存器/立即数

注:#data　　　表示立即数

　　data　　　表示直接地址

　　Ri　　　　表示 R0 或 R1

　　@Ri　　　表示目的间接寻址,Ri 的内容为地址,Ri 为 8 位寄存器,寻址范围0—255。而特殊功能寄存器 SFR 仅能被直接寻址,所以对内部数据存储器来说,@Ri 间接寻址使用范围仅为 0—127 单元内的片内数据单元的 RAM 地址。

　　Rn　　　　表示 R0、R1、…、R7 当前工作寄存器组

　　而对于特殊寄存器的操作,可以直接写名称,因为它们的地址是固定的,在写汇编指令时可以不必查找地址

　　例如:MOV TCON, #13H　　　；直接/立即

　　　　　MOV P1, 　　　#80H　　　；直接/立即

2. 内部数据寄存器(Rn、片内 RAM、SFR)与累加器 A 传送数据

MOV　A，data　　　　　　　　;A←(data)　　　　;累加器/直接
MOV　A，@Ri　　　　　　　　;A←((Ri))　　　　;累加器/间址
MOV　A，Rn　　　　　　　　;A←(Rn)　　　　　;累加器/寄存器
MOV　data，A　　　　　　　　;data←(A)
MOV　@Ri，A　　　　　　　　;(Ri)←(A)
MOV　Rn，A　　　　　　　　;Rn←(A)

注:对于特殊寄存器 SFR 只能用直接寻址访问,而无间接寻址方式。

例如:指令序列

MOV R1，♯82H　　　　　　　;立即数传送到 R1 中
MOV A，@R1　　　　　　　　;间址源超出范围

由于 82H 是 SFR 块中 DPL 的地址,对特殊功能寄存器来说,企图用间址找到源操作数,这种间接寻址方式无效。所以从 DPL 中取数只须 MOV A，82H　即可。最好使用

MOV R1，DPL;这样在使用汇编语言时,无需查找地址。

3. 内部数据存储器中 Rn、SFR 和片内数据 RAM 之间的数据传送

MOV　data，data　　　　　　;data←(data)　　　;直接/直接
MOV　data，@Ri　　　　　　;data←((Ri))　　　;直接/间址
MOV　data，Rn　　　　　　　;data←(Rn)　　　　;直接/寄存器
MOV　@Ri，data　　　　　　;(Ri)←(data)　　　;间址/直接
MOV　Rn，data　　　　　　　;Rn←(data)　　　　;寄存器/直接

例如:MOV P3，P1 与 MOV B0H，90H 是等价的。其中,B0H 是 P3 的地址,90H 是 P1 口的地址。

例如:设 PSW 中 RS1＝1,RS0＝1

则 MOV data，R0 和 MOV data，18H 是等价的。18H 是 RS1＝RS0＝1 选工作寄存器 3 区中的 R0 字地址,但直接写名称方便,无需查地址。

例如:程序片段

MOV　20H，♯25H　　　　;直接/立即
MOV　25H，♯10H　　　　;直接/立即
MOV　P1，♯0CAH　　　　;直接/立即
MOV　R0，♯20H　　　　　;寄存器/立即,把立即数 20H 送到 R0 中
MOV　A，@R0　　　　　　;累加器/间址,20H 中的内容 25H 送到 A 中
MOV　R1，A　　　　　　　;寄存器/累加器,将 A 中的内容 25H 送到 R1 中
MOV　B，@R1　　　　　　;直接/间址,将 25H 中的内容送到 B 中
MOV　@R1，P1　　　　　;间址/直接,将 0CAH 送到 25H 中
MOV　P3，P1　　　　　　;直接/直接,将 P1 中内容送到 P3 中

运行结果:

　　(A)＝25H　(R1)＝25H　(B)＝10H　(25H)＝CAH　P3＝CAH

4. 目的地址传送

MOV DPTR，♯data16   ;DPTR←♯data16 ;直接/立即

MOV DPTR，♯2003H   ;把 16 位立即常数装入数据地址指针，其中 DPTR 的高 8 位
　　　　　　　　　　　　　（DPH）=20H,低 8 位（DPL）=03H。

例如:若片外数据存储器单元（3007H）=60H,执行 MOV DPTR，♯3007H;DPTR 存放的是数据 3007H,而执行 MOVX A,@DPTR;@DPTR 存放的是地址，结果 A=60H。

小结片内 RAM 区的一般传送指令如表 3-1 所示。

表 3-1　访问片内 RAM 的一般传送指令表

助记符	操作功能	寻址方式	字节数
MOV A，♯data	A ← ♯data	累加器/立即数	2
MOV data，♯data	data← ♯data	直接/立即数	3
MOV @Ri，♯data	(Ri)← ♯data	间址/立即数	2
MOV Rn ，♯data	Rn←♯data	寄存器/立即数	2
MOV DPTR ，♯data16	DPTR←♯data16	直接/立即数	3
MOV A，Rn	A ← (Rn)	累加器/寄存器	1
MOV Rn，A	Rn ← (A)	寄存器/累加器	1
MOV A，data	A ←(data)	累加器/直接	2
MOV data ，A	data← (A)	直接/累加器	2
MOV A，@Ri	A ←((Ri))	累加器/间址	1
MOV @Ri，A	(Ri)← (A)	间址/累加器	1
MOV data，Rn	data ←(Rn)	直接/寄存器	2
MOV Rn，data	Rn ←(data)	寄存器/直接	2
MOV data,@Ri	data ←((Ri))	直接/间址	2
MOV @Ri,data	(Ri) ←(data)	间址/直接	2
MOV data,data	data ←(data)	直接/直接	3

3.3.2　外部数据存储器（或 I/O 口）与累加器 A 传送指令——MOVX

格式　MOVX ＜目的字节＞，＜源字节＞

　　　MOVX A，@DPTR　　;A←((DPTR)),累加器/间址

这里 DPTR 称为 16 位的间址寄存器，利用该寄存器中存放的地址值找到源目的地址，而要找到 DPTR 本身仍然只能用直接寻址。

　　　MOVX　@DPTR，A　;(DPTR)←(A);间址/累加器

　　　MOVX　A,@Ri　　　;A←((Ri));累加器/间址

　　　MOVX　@Ri,A　　　;(Ri)←(A);间址/累加器

注:①前两条指令中,((DPTR))表示将 DPTR(16 位)地址所指向的外 RAM 中的内容装入 A 寄存器中。反之,则将 A 中内容送入 DPTR 指向的 RAM 单元中。

②后两条指令中,((Ri))表示将 Ri(8 位)地址所指向的 RAM 中的内容装入 A 寄存器中。反之,则将 A 中内容送入 Ri 指向的 RAM 单元中。这种方式适用于外 RAM 仅扩展 256 字节的情况。

③通常,在 MCS－51 中,16 位地址线的寻址范围为 64K 字节。常把高 8 位定义为页面地址,低 8 位定义为页面内地址。在 P2 口给定时,使用 Ri 寻址页面内地址比较方便。

3.3.3 程序存储器向累加器 A 传送指令——MOVC

格式 MOVC A,@A+PC ;PC←(PC)+1,A←((A)+(PC))

MOVC A,@A+DPTR ;A←((A)+(DPTR));累加器/变址

注:把 A 中的内容与基址寄存器(PC、DPTR)内容相加,得到程序存储器某单元地址,再把该地址单元内容送累加器 A。

前一条指令是以 PC 为基址寄存器,CPU 取完指令后,PC 会自动加 1,指向下一条指令的第一个字节地址,所以这时作为基址寄存器的 PC 值已变成(PC)+1 时的值。

偏移量: DIS=表首地址－(该指令所在地址+1)

例如:若要根据累加器 A 的内容找出由伪指令 DB 所定义的四个值中的一个,可用下列程序:

```
ppqq:        ADD    A,＃01H
ppqq+2:      MOVC   A,@A+PC
ppqq+3:      RET
ppqq+4:      STAR： DB     66H
                    DB     77H
                    DB     88H
                    DB     99H
```

CPU 执行 ADD A,＃01H 指令,就是为了加上偏移量:DIS=ppqq+4－(ppqq+2+1)=1。其中 DB 是伪指令,它的作用是把其后的值(如 66H、77H)存入由标号 STAR 开始的连续单元中。假设累加器原内容为 02H,则执行上述程序后返回时累加器将变为 88H。

后一条指令基址寄存器为数据指针 DPTR,由于 DPTR 的内容可通过赋不同值予以改变,这就使该指令应用范围较为广泛,表格常数可设置在 64KB 程序存储器的任何地址空间,而不必像 MOVC A,@A+PC 指令只设在 PC 值以下的 256 个单元中。其缺点是若 DPTR 已有它用,在赋表首地址之前须保护现场,执行完查表后再予以恢复。

例如:试编制根据累加器 A 中的数(0—9 之间)查其平方表的子程序。

```
COUNT：PUSH   DPH          ;保护 DPTR 内容
       PUSH   DPL
       MOV    DPTR,＃TABLE  ;赋表首址到 DPTR
       MOVC   A,@A+DPTR    ;据 A 中内容查表
       POP    DPL          ;恢复 DPTR 原内容
       POP    DPH
       RET                 ;返回主程序
TABLE：DB     0,1,4,9,16   ;平方数据表
       DB     25,36,49,64,81
```

3.3.4　数据交换指令

1. 字节交换指令

　　XCH　A，data　　;A 中的内容与 data 中的内容交换;累加器/直接
　　XCH　A，Rn　　　;A 中的内容与 Rn 中的内容交换;累加器/寄存器
　　XCH　A，@Ri　　 ;A 中的内容与 Ri 间址的内容交换;累加器/间址

2. 半字节交换指令

　　XCHD　A，@R0　　;A 的低 4 位和 R0 所指单元的内容,低 4 位交换,而高 4 位不变

例如:MOV　R1，#30H
　　　　MOV　A，#67H
　　　　MOV　30H，#84H
　　　　XCHD A，@R1

运行结果:(A)=64H　(30H)=87H

3.3.5　栈操作指令

　　PUSH　data　　　　　　　; 　SP←(SP)+1
　　　　　　　　　　　　　　　　 (SP)←(data)
　　POP　　data　　　　　　　; 　data←((SP))
　　　　　　　　　　　　　　　　 SP←(SP)−1

注:指令执行时,先将 SP 指向的内容弹出,然后修改栈顶地址。PUSH 称为压入,POP 称为弹出,它们是堆栈的两种基本操作,在 MCS−51 中,堆栈是向上生成的。由 SP 自动指向栈顶,例如,入栈操作是先修改(SP)+1→(SP),修改后指向空单元。然后将直接寻址单元内容压入 SP 指向的单元中。出栈操作是先弹出栈顶内容到直接寻址单元,然后再修改指针(SP)−1→(SP),形成新的指针,所以堆栈操作具有后进先出的特点。

　　例如,预先设置(SP)=50H,即初始栈顶为 50H,执行:

　　　　　　　　　　　　　PUSH X
　　　　　　　　　　　　　PUSH Y
　　　　　　　　　　　　　PUSH Z

入栈过程如图 3−3 所示,最终(51H)=X ,(52H)=Y,(53H)=Z,(SP)=54H

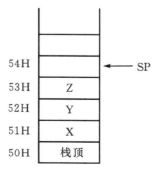

图 3−3　入栈保存

在程序执行中,对断点 PC 的内容保护是 CPU 自动完成的。而对现场的保护必须由用户自己编写。

例如：PUSH　　A　　　　　　　　;保护 A 中内容

　　　PUSH　PSW　　　　　　　;保护标志寄存器内容

　　　……

　　　……　　　　　　　　　　;执行服务程序

　　　POP　　PSW　　　　　　　;恢复标志寄存器内容

　　　POP　　A　　　　　　　　;恢复 A 中内容

该程序执行后,A 和 PSW 寄存器中的内容可得到正确的恢复。

若为：PUSH　　A

　　　PUSH　PSW

　　　……

　　　……

　　　POP　　A

　　　POP　　PSW

执行后,则使 A 和 PSW 中的内容互换。

3.3.6　位传送指令

　　　MOV　　C, bit　　　　　　;C←(bit);位累加器/位

　　　MOV　　bit, C　　　　　　;bit←(C);位/位累加器

　　　MOV　　C，ACC.2　　　　;将累加器 A 第二位的内容传给 C

　　　MOV　　07H，C　　　　　;将 C 的内容传给 20H 的第 7 位

注：

①除了用 POP 或 MOV 指令将数据传送到 PSW 外,传送操作一般不影响标志位。

②执行传送类指令时,把源地址单元的内容送到目的地址单元后,源地址单元内容不变。所以,源有"取之不尽"的特点。

③对特殊寄存器 SFR 的操作必须用直接寻址,而直接寻址也是访问 SFR 的唯一方式。

3.4　控制转移类指令

3.4.1　无条件转移指令

1. 长转移指令

寻址范围 0—64KB 程序存储器地址空间的任何位置。

　　　LJMP　　addr 16　　　　　;PC←addr 0~15

注:常在程序存储器 0000H 单元存放一条指令 LJMP 2030H;则上电复位后,程序将跳转到 2030H 单元去执行。这样就避开了 0003H—0023H 的中断服务程序入口地址的保留单元。

2. 绝对转移指令

寻址范围必须是在同一 2K 字节范围内。

```
AJMP    addr 11        ;PC←(PC)+2
                       PC 0—10←addr 0—10
                       PC 11—15 不变
```

注:AJMP 为双字节指令。当程序真正转移时 PC 值已加 2 了,因此转移的目标地址应与 AJMP 下相邻指令第一字节地址在同一 2K 字节范围内。

3. 相对短转移指令

```
SJMP    rel            ;PC←(PC)+2
                       PC←(PC)+rel
```

注:SJMP 也是双字节指令。PC 的当前值是执行 SJMP 前的 PC 值加 2。rel 为相对偏移量,用补码表示,范围是—128—127。

设相对短转移指令第一个字节所在地址为源地址,欲转移去执行的指令的第一字节地址为目的地址,则相对偏移量:

向上转移: 偏移量(rel)=FEH—|源地址—目的地址|

向下转移: 偏移量(rel)=|源地址—目的地址|—2

例如:设 PC=2100H,欲转移到 2123H 去执行程序

则:偏移量(rel)=|2123H—2100H|—2=21H 即 2100H:SJMP 21H

设 PC=2110H,欲转移到 2100H 去执行程序

则:偏移量(rel)=FEH—|2110H—2100H|=EEH 即 2110H:SJMP EEH

验证:2100H:目的地址)

```
        ……
        2110H:  80 H
        2111H:  EEH
        2112H:  (执行到此,跳转到 2100H)
```

注:—12H 取补后为 EEH。

一般格式 SJMP   PTX。汇编时,常用符号地址,即标号来表示跳转的位置,这样做可以免去人工计算偏移量,而由 CPU 能自动计算。。

例如:HERE:SJMP HERE   ;暂停指令

4. 间接转移指令

```
JMP   @A+DPTR       ;(PC)←(A)+(DPTR)
```

注:①把累加器里的 8 位无符号数与基地址寄存器 DPTR 中的 16 位数据相加,所得的值装入程序寄存器 PC 作为转移的目的地址。

②执行指令后不影响累加器和数据指针中的原内容,不影响任何标志。

③实现以 DPTR 内容为起始的 256 个字节范围的选择转移。

例如:当(A)=0 转处理程序 K0

当(A)=2 转处理程序 K1

……

当(A)=16 转处理程序 K8

可编程如下:

```
            MOV   DPTR,♯TABLE        ;表首址送 DPTR
            JMP   @A+DPTR            ;以 A 中内容为偏移量跳转
TABLE:AJMP  K0                       ;(A)=0 转 K0 执行
            AJMP  K1                 ;(A)=2 转 K1 执行
            ……
            AJMP  K8                 ;(A)=16 转 K8 执行
```

3.4.2　条件转移指令

1. 条件累加器

```
    JZ    rel     ;累加器为 0 时转移 rel 为相对偏移量,用补码表示,范围是
                  −128—127
    JNZ   rel     ;累加器不为 0 时转移
```

在实际编写程序时,常用标号代替 rel,这样在汇编编译程序将会自动算出偏移量。如果条件符合转移,程序将直接转到标号处执行。

```
    JZ    PTX     ;累加器为 0 时转移到标号 PTX
    JNZ   PTY     ;累加器不为 0 时转移到标号 PTY
```

2. 条件进位标志

```
    JC    rel     ;进位标志为 1 时转移
    JNC   rel     ;进位标志为 0 时
    JC    PTZ     ;进位标志为 1 时转移到标号 PTZ
    JNC   PTW     ;进位标志为 0 时转移到标号 PTW
```

3. 位条件转移指令

```
    JB    bit,rel
    JNB   bit,rel
    JBC   bit,rel
    JB    P3.3,PTA     ;P3.3 为 1 时转移到标号 PTA
    JNB   P3.1,PTB     ;P3.1 为 0 时转移到标号 PTB
    JBC   22.3,HERE    ;测试位为 1 时转移到标号 HERE,并清除该位
```

注:标号的引入简化了手工汇编时偏移量的计算。

例如:执行程序:

```
    MOV   A,♯01H     ;♯01 送累加器 A
    JZ    BRAN1       ;A 是 0 转 BRAN1 处,非 0 时继续执行
    DEC   A           ;A 减 1 内容为 0
    JZ    BRAN2       ;A 为 0 时转标号 BRAN2 处执行
```

或执行:

```
    CLR   A           ;A 清 0
    JNZ   BRAN1       ;A 为 0 时继续执行
    INC   A           ;A 的内容增 1
    JNZ   BRAN2       ;A 内容非 0 时转标号 BRAN2 执行
```

3.4.3　比较转移指令

比较两操作数的大小,不相等则转移,且若源操作数小于目的操作数则(C)←0;若源操作数大于目的操作数则(C)←1。

```
CJNE  A,♯data,rel
CJNE  A,data,rel
CJNE  @Ri,♯data,rel
CJNE  Rn,♯data,rel
CJNE  A,♯data,PTX1
CJNE  A,data,PTX2
CJNE  @Ri,♯data,PTX3
CJNE  Rn,♯data,PTX4
```

注:由于 CJNE 是三字节指令,所以程序转移范围是以(PC)+3 为起始地址的+127——128字节单元地址。

例如:设(R7)=56H,执行下列指令

```
CJNE  R7,♯60H,K1        ;由于(R7)<60H,转 K1,且(CY)←1
......
K1:JC  K3               ;因为(CY)=1,判出(R7)<60H,转 K3 执行
......
K3:......
```

3.4.4　循环转移指令

```
DJNZ  data,K1
DJNZ  Rn,K2
```

程序每执行一次,就把第一操作数的内容减1,结果再送回第一操作数地址中,并判字节变量是否为 0,不为 0 时转移,否则顺序执行。如果字节变量值原为 00H,则下溢 0FFH,不影响任何标志。

例如:软件延时,利用 DJNZ 指令可在一段程序中插入某些指令来实现软件延时。DJNZ 指令执行时间为两个机器周期,这样循环一次可产生两个机器周期延时。下例在程序段中插入 2 条指令,当主频 12MHz,循环次数为 24 时,可产生 49μs 的软件延时循环,在 P1.7 引脚上输出一个 50μs 的脉冲。

```
      CLR  P1.7          ;P1.7 输出变低电平
      MOV  R2,♯18H       ;赋循环初值
HARE:DJNZ R2,HARE        ;R2←(R2)-1,不为零继续循环
      SETB P1.7
```

例如:多项单字节数求和,设数组长度放 R0 中,数组存放首地址在 R1 中,数组之和则存在 20H 单元中,因为 8 位字长,若此和不大于 256。可编程如下:

```
      CLR  A             ;A 清 0
SUMD:ADD  A,@R1          ;相加
```

```
      INC   R1                ;地址指针增 1
      DJNZ R0，SUMD           ;字节数减 1，不为 0 继续加
      MOV  20H，A             ;结果存 20H 单元
      END
```

3.4.5　子程序调用和返回指令

1. 长调用指令

```
      LCALL  addr16          ;PC←(PC)+3
                              SP←(SP)+1
                              (SP)←PC 0—7
                              SP←(SP)+1
                              (SP)←PC 8—15
                              PC←addr 0—15
```

注：长调用时，CPU 自动保护断点。由于是三字节指令，所以执行时首先（PC）+3→（PC），以获得下一条指令地址，并把此时 PC 内容压入堆栈，先压低 8 位，后压高 8 位，堆栈指针 SP 加 2 指向栈顶，然后把目标地址 addr16 装入 PC，转去执行子程序。

例如：设 SP＝53H，子程序首址在 3000 单元，并以标号 STR 表示。在 PC＝2000H 处执行指令：LCALL　STR；

将使(SP)＝54H，(54H)＝03H，((PC)+3)→PC)，压入低字节值；(55H)＝20H，((PC)+3)→PC)，压入高字节值)；PC 将变为 3000H 即 PC←addr 0—15。

2. 绝对调用指令

```
      ACALL  addr11          ;PC←(PC)+2
                              SP←(SP)+1
                              (SP)←PC 0—7
                              SP←(SP)+1
                              (SP)←PC 8—15
                              PC 0—10←addr 0—10
                              PC 11—15 不变
```

注：该指令提供 11 位目标地址，限在 2K 地址内调用，由于是双字节指令，所以执行时（PC）+2→（PC）以获得下一条指令的地址，然后把该地址压入堆栈作为返回地址，其他操作与 AJMP 相同。

3. 返回指令

```
      RET                     ;PC 8—15←(SP)
                              SP←(SP)-1
                              PC 0—7←(SP)
                              SP←(SP)-1
```

注：调用与返回必须成对使用。

4. 中断返回指令

　　RETI

　　注：该指令与中断有关，其执行过程类似于 RET。详见中断一章介绍。

5. 空操作指令 NOP

　　NOP 的机器码为 00H，操作是(PC)←(PC)+1。即执行本指令时，CPU 时序不停，除了 PC 加 1 外，机器不作任何操作。用于手工汇编时插入指令或用于准确延时的场合。

3.5　算术运算指令

　　算术运算指令主要完成加、减、乘和除四则运算，以及增量、减量和二/十进制调整操作。所有的算术运算都是 8 位的。除了加 1 和减 1 指令，其他的算术运算均影响进位标志。并把结果放到累加器中。

　　在 PSW 标志寄存器的介绍中，使用最频繁的 PSW.4(RS1)和 PSW.3(RS0)选择片内 RAM 区(00H—1FH 的四个寄存器组)。PSW.1 未定义(不用)，PSW.5(F0)用户标志。

　　PSW.7(CY)进借位标志。CY=1 表示有进借位，CY=0 表示无进借位；

　　PSW.6(AC)半进借位标志。AC=1 表示有进借位，AC=0 表示无进借位；

　　PSW.2(OV)溢出标志。OV=1 表示有溢出出错，OV=0 表示无溢出；

　　PSW.0(P)奇偶标志。P=1 表示累加器中 1 的个数为奇。

1. ADD 不带进位标志的加法指令

　　　　ADD　A，R5　　　　;A 的内容加 R5 中的内容，结果放在 A 中

　　　　ADD　A，20H　　　　;A 的内容加 20H 单元的内容，结果放在 A 中

　　　　ADD　A，@R1　　　　;A 的内容加(R1)所指单元内容，结果放在 A 中

　　　　ADD　A，♯32　　　　;A 的内容加立即数，结果放在 A 中

2. ADDC 带进位标志的加法

　　　　ADDC A，R5　　　　;A 的内容加 R5 的内容，再加(C)，结果放在 A 中

　　　　ADDC A，20H　　　　;A 的内容加 20H 单元的内容，再加(C)，结果放在 A 中

　　　　ADDC A，@R1　　　　;A 的内容加(R1)所指单元内容，再加(C)，结果放在 A 中

　　　　ADDC A，♯20H　　　　;A 加立即数 20H 再加(C)，结果放在 A 中

　　做加法时常用带进位的加法指令，只需在最低字节相加时将进位位 C 清零。

　　当两数相加时，结果使 OV=1。表明 A 的第七位和第六位有一个进位产生，另一个不产生进位。二者异或后，OV=1 是溢出出错。

　　当两数相加，在 CY 进位标志变为 1，而 OV=0 时，可以认为和大于 8 位。可将 CY=1 一起按 9 位二进制数存储处理。

　　例如：利用 ADDC 指令可以进行多字节加法运算。

　　设双字节加法中：被加数存放在 20H、21H 单元，加数存放在 30H、31H 单元，和存放在 40H、41H 单元，若高字节相加有进位则转 OVER 处执行，可编程序如下：

　　ADD1：MOV　　A，20H　　　　;取低字节被加数

　　　　　CLR　　C　　　　　　　;清除进位标志位

```
       ADDC    A，30H       ;低字节相加
       MOV     40H，A       ;结果送至 40H 单元
       MOV     A，21H       ;取高字节被加数
       ADDC    A，31H       ;加高位字节和低位来的进位
       MOV     41H，A       ;结果送 41H 单元
       JC      OVER        ;有进位去 OVER 处执行
       ……
OVER：……
```

3. SUBB 减法指令

```
       SUBB    A，R5        ;A 的内容减(R5)再减(CY),结果放在 A 中
       SUBB    A，32        ;A 的内容减 20H 单元的内容再减(CY),结果放在 A 中
       SUBB    A，@R1       ;A 的内容减(R1)所指单元内容再减(CY),结果放在 A 中
       SUBB    A，♯32       ;A 的内容减 20H 再减(CY),结果放在 A 中
```

注:没有不带借位标志的减法指令,所以当两个单字节或多字节最低位相减时,必须先清除借位 CY。当两个不带符号位数相减时,则溢出与否和 OV 状态无关,而靠 CY 是否有借位判断处理。

例如:两字节数相减,设被减数存放在 20H、21H 中,减数存放在 30H、31H 中,差存放在 40H、41H 中,若高字节有借位则转 OVER 做相应的处理,可编程如下:

```
SUB1：MOV    A，20H        ;被减数送 A
      CLR    C            ;低字节减,无借位,CY 清 0
      SUBB   A，30H        ;低字节相减
      MOV    40H，A
      MOV    A，21H        ;被减数高字节送 A
      SUBB   A，31H        ;高字节相减
      MOV    41H，A
      JC     OVER         ;高字节减,有借位则转 OVER
      ……
OVER：……
```

当两个带符号位的数相减时,若 OV＝1,表示出错。

4. MUL 乘法指令

```
       MUL    AB
```

只有一个硬件乘法指令,产生 16 位结果的低字节存在累加器中,高字节存在 B 寄存器中。若结果超出 8 位,溢出标志置位,进位标志总是清零。

5. DIV 除法指令

```
       DIV    AB
```

累加器的内容除以 B 寄存器的内容,结果储存在累加器中,余数(不是小数部分)存在 B 中。进位和溢出标志总是清零。

6. INC 加 1 和 DEC 减 1 指令

```
INC   A        ;A 等于(A)加 1
DEC   A        ;A 等于(A)减 1
INC   R2       ;R2 等于(R2)加 1
DEC   R2       ;R2 等于(R2)减 1
INC   55H      ;55H 单元的内容加 1,再存放到 55H 单元中
DEC   55H      ;55H 单元的内容减 1,再存放到 55H 单元中
INC   @R1      ;间址 R1 所指单元的内容加 1,再存放到 R1 所指单元
DEC   @R1      ;间址 R1 所指单元的内容减 1,再存放到 R1 所指单元
INC   DPTR     ;(DPTR)加 1 再存放到 DPTR 中(无与之对应的 DEC 指令)
```

7. 十进制指令

①XCHD A，@R0 ;A 的低 4 位和 R0 所指单元的内容低 4 位交换,半字节交换指令,交换累加器和间接地址的低 4 位。高 4 位仍保留原值。

②SWAP A ;交换累加器的高 4 位和低 4 位。相当于不带进位,左移 4 次或右环移 4 次

③DA A ;二/十进制调整指令

在两个 BCD 码相加时,由于使用了 ADD 或 ADDC 指令,机器得到的实际上是先按二进制数相加的结果,所以必须用十进制调整指令再调整为十进制。

例如:A 中存一个两位 BCD 码,47D,即高 4 位为 4 的 BCD 码,低 4 位为 7 的 BCD 码。B 中存一个两位 BCD 码,36D,即高 4 位为 3 的 BCD 码,低 4 位为 6 的 BDC 码。两数相加后结果存在 A,为:

$$
\begin{array}{r}
0100\ 0111 \\
+\quad 0011\ 0110 \\
\hline
0111\ 1101
\end{array}
$$

此时由于低 4 位大于 9(已不是 BCD 码),所以必须加 06H,进行修正。

$$
\begin{array}{rl}
(A) & 0111\ 1101 \\
+ & 0000\ 0110 \\
\hline
(A) & 1000\ 0011
\end{array}
$$

修正后结果为 83D。

若已完成 BCD 的加法,后面必须加 DA 修正。修正方法是:

若 $(A_{3-0})>9$ 或 $(AC)=1$,则 $(A_{3-0})\leftarrow(A_{3-0})+06H$,若 $(A_{7-4})>9$ 或 $(CY)=1$,则 $(A_{7-4})\leftarrow(A_{7-4})+60H$。依此类推,可以加 00H 或 66H 的修正。

上述修正方法由机器自动完成。所以对用户而言,只要记住在进行 BCD 加法运算时,先使用 ADD 或 ADDC 指令做二进制加法运算,然后紧跟一条 DA A 调整指令即可。

利用 DA 指令对两 BCD 码做减法后的修正条件必须采用补码相加的方法。在实际使用中,用 9AH 减去减数,正好得到以 100 为模的减数补码,从而可用加法指令,后面加 DA 修正。因为 9A 经 BCD 修正后正好是 100。

例如:设被减数存放在 20H 单元中,减数存放在 30H 单元中,结果存放在 20H 单元中。

编程如下：

```
        CLR     C               ;清除借位为 CY
        MOV     A,♯9AH
        SUBB    A,30H           ;求减数补码
        ADD     A,20H           ;补码加
        DA      A
        MOV     20H,A           ;差存到 20H 单元
        CPL     C
        JNC     OVER
        SETB    07H
OVER；    RET
```

注：当用 9A 补码做两数的减法变加法时,可加调整指令,加调整指令后结果无进位 C＝0,实际上表示二者相减有借位,而加调整指令后有进位 C＝1,实际上表示二者相减无借位。所以在每执行一次总是加 CPL C 求反操作,达到真实的进借位标志位的状态,举例说明。

求 BCD 码 8943－7649＝?

先对低字节运算

$$
\begin{array}{rll}
  & 10011010 & 9A \\
- & 01001001 & 49 \\
\hline
  & 01010001 & 补码\ 51 \\
+ & 01000011 & 43 \\
\hline
0\ & 10010100 &
\end{array}
$$

C＝0,无进位,说明二者相减有借位,应对 C 标志取反,然后再对高字节运算。

$$
\begin{array}{rll}
  & 10011010 & 9A \\
- & 01110110 & 76 \\
\hline
  & 00100100 & 补码为\ 24 \\
- & 00000001 & 减借位\ C＝1 \\
\hline
  & 00100011 & 23 \\
+ & 10001001 & 加被加数\ 89 \\
\hline
  & 10101100 & \\
+ & 01100110 & 对结果调整 \\
\hline
1\ & 00010010 & 差为\ 12
\end{array}
$$

最后结果为 1294,无借位,计算正确。

注：如果有借位,置第 07H 位为 1,表示－12。

3.6　逻辑运算操作

1. 逻辑与 ANL

```
    ANL   A,R6        ;A 的内容和 R6 单元的内容按位逻辑与,结果存入 A
    ANL   A,25H       ;A 的内容和 25H 单元的内容按位逻辑与,结果存入 A
    ANL   A,@R1       ;A 的内容和 R1 所指单元的内容按位逻辑与,结果存入 A
```

ANL A，♯03H	;A 的内容和立即数 03H 按位逻辑与,结果存入 A
ANL 25H，A	;25H 单元的内容和 A 的内容按位逻辑与,结果存入 25H 单元
ANL Pl，♯08H	;P1 的内容和立即数 08H 按位逻辑与,结果存入 P1
ANL C，ACC.5	;C 的内容和 ACC.5 的逻辑与(位操作),结果存入 C
ANL C，/ACC.5	;C 的内容和/ACC.5 的逻辑与(位操作),结果存入 C

2. 逻辑或 ORL

ORL A，R6	;A 的内容和 R6 单元的内容逻辑或,结果存入 A
ORL A，25H	;A 的内容和 25H 单元的内容逻辑或,结果存入 A
ORL A，@R0	;A 的内容和 R0 所指单元的内容逻辑或,结果存入 A
ORL A，♯33H	;A 的内容和立即数 33H 逻辑或,结果存入 A
ORL 55H，A	;55H 单元的内容和 A 的内容逻辑或,结果存入 55H 单元
ORL Pl，♯08H	;P1 的内容和立即数 08H 逻辑或,结果存入 P1
ORL C，ACC.5	;C 的内容和 ACC.5 的逻辑或(位操作),结果存入 C
ORL C，/ACC.5	;C 的内容和/ACC.5 的逻辑或(位操作),结果存入 C

3. 逻辑异或 XRL

XRL A，R6	;A 的内容和 R6 单元的内容逻辑异或,结果存入 A
XRL A，25H	;A 的内容和 25H 单元的内容逻辑异或,结果存入 A
XRL A，@R0	;A 的内容和 R0 所指单元的内容逻辑异或,结果存入 A
XRL A，♯33H	;A 的内容和立即数 33H 逻辑异或,结果存入 A
XRL 55H，A	;55H 单元的内容和 A 的内容逻辑异或,结果存入 55H 单元
XRL Pl，♯08H	;P1 的内容和立即数 08H 逻辑异或,结果存入 P1

4. 取反操作 CPL

CPL A	;累加器的所有 8 位取反
CPL C	;进位标志取反
CPL P3.5	;P3.5 取反

5. 清零操作 CLR

包括清除字节或位。位操作针对 20H—2FH 区域的 128 位和 SFR 的可位寻址的位。

CLR A	;A 清零,等价于 MOV A，♯00H
CLR C	;清进位标志
CLR ACC.7	;ACC.7 清零
CLR P1.5	;P1.5 清零

6. 置位操作 SETB

SETB C	;C 置 1
SETB 20.3	;位地址 03H 置 1
SETB ACC.7	;位地址 ACC.7 置 1

7. 环移位

RL A	;左环移

```
RR    A                ;右环移
RLC   A                ;带进位左环移
RRC   A                ;带进位右环移
SWAP A                 ;不带进位的左(右)环移 4 次
```

例如:设两位用 ASCII 码表示的第一个数和第二个数分别存放在 40H 和 41H 单元中,把其转换成两位 BCD 码以压缩形式存放在 40H 单元中,其中第一个数放在低 4 位,第二个数放在高 4 位。编程如下:

```
MOV  A, 40H
ANL  A, ♯0FH          ;屏蔽高 4 位使之成为 BCD 码
MOV  40H, A           ;将第一个数保存在 40H 的低 4 位
MOV  A, 41H           ;将 41H 的数送入 A 中
ANL  A, ♯0FH          ;屏蔽高 4 位使之成为 BCD 码
SWAP A                ;环移 4 次使第二个数存放在高 4 位
ORL  40H, A           ;结果存在 40H 处。
```

3.7　伪指令

伪指令是在编译中不产生目标代码的指令,MCS－51 汇编器常用的伪指令有以下几种。

1. ORG 伪指令(Origin)

格式:ORG 16 位地址

ORG 指令出现在源程序或数据块的开始,在一个源程序中,可以多次使用 ORG 来规定不同程序段的起始位置,但定义的地址顺序应该是从小到大。

```
例如:  ORG   0000H
       LJMP  MAIN
       ORG   0003H
       LJMP  INT0
MAIN: SETB  EX0
      SETB  EA
      SJMP  $          ;等待
INT0: CPL   P1.0
      RETI
```

2. DB 伪指令(Define Byte)

格式:[标号]　DB　字节数据项表

DB 伪指令的功能是将字节数据项表中的字节数据存放到从标号开始的连续字节单元中,项表中的数据用逗号分隔。加单引号' '的字符表示 ASCLL 码。

```
例如:SEG:   DB  20H     ;(SEG)＝20H
             DB  100     ;(SEG＋1)＝100D
             DB  '8'     ;(SEG＋2)＝00111000B 表示 ASCII 码
```

　　　　　DB　'A'　　　;(SEG＋3)＝11000001B 表示 ASCII 码

例如:SEG:DB 20H,100,'8','A'与上例同等效果。

3. DW 伪指令(Define Word)

格式:[标号]　DW　双字节数据项表

DW 的功能与 DB 类似,通常 DB 用于定义数据表,DW 用于定义 16 位的地址表。汇编以后,按照存放 DW 数据的地址由低到高先存入高位数据,再存入低位数据的顺序存放,而不足 16 位数据的数在高位补零。

例如:TAB:　DW　1234H,7BH,0BH

4. EQU 或＝伪指令(Equal)

格式:名字　EQU　表达式

或:　名字＝表达式

它用于给一个表达式赋值或给一个字符串起一个名字,此后改名字可以用做程序地址、数据地址或立即数,因此表达式可以是 8 位或 16 位二进制数值。名字必须是以字母开头的字母数字串,名字不能重复定义。

例如:COUNT＝ 100

　　　SPACE　EQU　50H

5. DATA 伪指令

格式:名字　DATA　直接字节地址

DATA 伪指令给一个 8 位内部 RAM 单元起一个名字。名字必须是以字母开头的字母数字串,名字不能重复定义。同一单元地址可以有多个名字。

例如:ERROR　DATA　80H

6. XDATA 伪指令

格式:名字　XDATA　直接字节地址

XDATA 伪指令给一个 8 位外部 RAM 单元起一个名字。名字的规定与 DATA 伪指令相同。

例如:IO_PORT　XDATA　07FB0H

7. BIT 伪指令

格式:名字　BIT　位地址

IT 伪指令给一个可位寻址的位起一个名字。名字的规定同 DATA 伪指令。

例如:SWl　BIT　79H

8. END 伪指令

格式:[标号:]　END

END 伪指令指出源程序到此结束,汇编器对其后的程序语句不予处理。一个源程序只在主程序最后使用一个 END。

例如:ORG　0100H

　　　MOV　A,♯56H

　　　MOV　B,♯23H

```
        MUL  AB
        END
```

9. DS 或 DEFS 预留存储区

格式:[标号:]　DS　＜表达式＞

该指令的功能是由标号指示单元开始,定义一个存储区,以备源程序使用。存储区预留单元数由表达式中的值决定。

例如:ORG　3C04H

　　　　TEMP:DS　10　　　　　;即由 3C04H 地址开始预留 10 个单元

3.8　汇编语言程序设计

从任务出发,制定出程序设计方案,直到编写出源程序并调试通过的整个过程称为程序设计。

用汇编语言编写的源程序,必须变换成机器语言程序才能够用于单片机执行。通常汇编语言源程序经编译器编译后生成一种地址浮动的目标程序,然后通过写入器转存到程序存储器中定位,才能成为可执行的目标代码程序。

编译可由手工方法实现,也可由机器汇编,使用中广泛使用的是机器汇编。目前,国内的开发者常用的有厂家提供的开发系统,或者直接使用 PC 机进行汇编调试、编译,产生目标代码,再通过写入器转存到程序存储器中,所以设计之前必须先建立设计和调试环境,例如:如果采用开发系统,就必须阅读并学会如何使用该开发系统。如果采用 PC 机系统,则应装入汇编语言编译软件,并须配置仿真器和写入器等等。

3.8.1　汇编语言源程序设计步骤

程序设计的步骤是:依据任务书分块拟出实现方案,采用模块化设计思想,例如不带有操作系统的单片机常采用前后台的工作方式,即一个主程序是一个大的循环程序结构,中断产生后跳转到执行中断服务程序,中断处理完成后,再返回到主程序,在主程序或中断服务程序中,又可采用调用子程序模块的方式。

采用结构化编程,使得程序结构清晰、紧凑,可读性强,易于修改,一个模块可为多个程序调用,实现了软件资源共享。其设计步骤如下。

①分析任务要求,拟出工程项目设计文件:包括根据功能要求划分模块,根据硬件系统分配内存工作单元,分配程序和数据存放的地址域,根据技术指标的要求和对程序的执行速度确定算法等。

②对主程序和较复杂的程序最好先画出程序流程图,因为程序流程图体现了程序设计思想,它指明了程序的流向,具有纲举目张的作用。一般程序流程图的画法如图 3 - 4 所示。

③完成模块化设计的同时必须明确模块之间的接口问题,即程序的入口和出口连接,数据的保护和传递的安全性等,如为了防止程序在传输中出错,是否应加奇偶校验,为了防止程序"跑飞"是否应加软件"看门狗"等。

④编写源程序并上机仿真调试,修正错误,优化设计。

⑤下载目标代码与硬件联调。

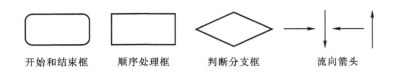

开始和结束框　　　顺序处理框　　　判断分支框　　　流向箭头

图 3-4　序流程图的画法

3.8.2　汇编语言程序的基本结构

汇编语言的基本结构和 C 语言基本类似,掌握了基本结构后才能更好地设计出较复杂的程序。任何程序都可以归纳为以下三种基本结构。

1. 顺序程序结构

顺序程序结构是最基本的程序结构,常用在主程序、初始化程序、简单功能的算术、逻辑运算或传送等构成的程序中。在顺序程序结构中,大量使用传送指令,程序从某一指令开始按顺序编写,执行是由上而下顺序进行。例如,编写一个简单程序片断,实现设定对某数进行奇偶校验的补奇运算。设该数已经传送到 A 累加器中,可由下面一段程序实现。

```
MOV   C, P              ;设置奇偶校验位(补奇)
CPL   C
MOV   ACC.7, C          ;原来 P 为 1,则 C=0,反之,补奇
```

通常,传送到目的地后,应先检查该数在传送前是否加过奇偶校验位,如果有,需将奇偶校验位清除后,存入某个单元。

```
MOV   C, P              ;检查奇偶校验位
CPL   C
ANL   A, ♯7FH           ;消去奇校验位
```

2. 分支程序

分支程序是根据不同条件,经判断框确定程序走向,常用条件转移指令、比较转移指令等判断是"是",还是"非",以决定程序走向。

例如:用程序实现符号函数 Y=SGN(x),该函数功能是:

当 x 大于 0,Y=1;

当 x 等于 0,Y=0;

当 x 小于 0,Y=-1;

x 是带符号的整数,取值范围-128—+127。程序框图如图 3-5 所示

编写程序如下:

子程序名为 SGNX

设 x 数存放在内存 30H 中

入口:初始化将 x 数传送到 A 中

出口:结果存放到内存 40H 中

```
SGNX：ORG   2000H
      MOV   A，30H
```

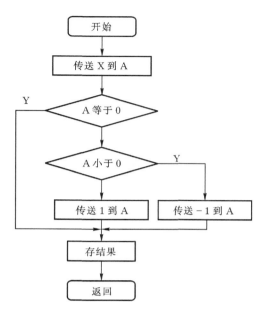

图 3-5 分支程序流程图

```
        JZ      ZERO
        JB      ACC.7，NEG
        MOV  A，♯01H
        SJMP ZERO
NEG：MOV  A，♯0FFH
ZERO：MOV  40H，A
        RET
```

3. 循环程序

循环程序是在程序中加入判断框，实现重复执行的部分，这部分称为循环体。判断框起到了循环控制流向的作用，一个循环体程序的结束，总是利用判断框分支的，换句话说，执行完判断才能确定程序是流向循环结束，还是继续执行循环体。

循环条件必须在循环体开始前通过初始化程序预置，而在循环体中，一般是顺序程序。程序根据给定循环的要求，修改参数为判断提供依据。

由此可知循环程序由四部分组成，即循环前的初始化赋值、进入循环体中的数据运算、结果送入条件判断语句进行比较判断和指向循环体开始或结束本次循环。

例如，编制一个简单的定时程序，实现 1ms 的延时，假设晶振的频率为 6MHz，子程序名为 DELAY1，程序框图如图 3-6 所示。

编写程序如下：

入口：设定定时时间对应的循环次数值，并送入 A

出口：定时到，程序返回，无参数传递

```
            ORG   2000H
DELAY1：MOV  A，♯0A5H
```

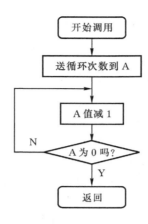

图 3 - 6　循环程序流程图

```
LOOP：　DEC　A
　　　　JNZ　LOOP
　　　　RET
```

定时循环次数的算法,由于晶振频率为 6MHz,所以一个机器周期为 $2\mu s$,经查表可知,第一、二条指令执行时间为一个机器周期,第三条指令为两个机器周期,由于循环次数 0A5H,转化为 10 进制数为 165,所以执行循环体所需要的时间为:$165×3＝495$ 个机器周期,另外,调用子程序需要 2 个机器周期,传送初值需要一个机器周期,返回指令需 2 个机器周期,所以调用一次子函数,共用 500 个机器周期,即 1ms。

由于对复杂程序的编写,采用 C51 程序设计比采用汇编语言简单,所以对汇编语言程序设计仅做简单介绍。在实际应用系统开发中,简单的系统可采用汇编语言编程,也可用 C 语言编程,对较复杂的系统应采用 C51 编程。而在实时要求较高的场合,可采用汇编和 C51 混合编程,在后续的程序举例中,仅通过一些简单的汇编语言设计例子,引导读者掌握最基本的汇编语言程序设计方法。

3.8.3　汇编语言程序举例

1. 简单的定时程序设计

简单的定时程序常用于电平开关的读入,例如当 CPU 查询到有电平开关上升沿或下降沿的变化,启动延时子程序,延时约 20ms 后读入开关状态,这样就避过了开关动作的抖动时间;又如在 LED 动态扫描显示中,为了让发光二极管动态点亮,加电必须有一个延时,而扫描间隔时间要控制在人的肉眼感到发光二极管一直在点亮,必须在停电延时一段时间后再点亮一次,这样循环点亮,才能让人感到 LED 持续点亮显示。

例如:设计一个可程控的 1—256ms 的延时子程序,子程序名称 DELAY,当程序运行中,需要调用延时子程序时,首先给 R0 赋初值 N。程序框图如图 3 - 7 所示。

入口:设定定时时间 N 以 ms 单位送入 R0 初始化

出口:定时到,退出程序,无参数传递

延时子程序如下:

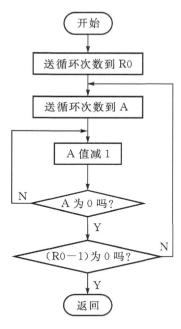

图 3-7　可程控的 1~256ms 的延时子程序流程图

```
            MOV    R0,♯N
DELAY: MOV    A，♯0A5H
LOOP： DEC    A
            JNZ    LOOP
            DJNZ   R0，DELAY
            RET
```

注:在调用 DELAY 子程序之前,需给 R0 赋初值(00—255)。在时钟频率为 6MHz 时,A6H 为立即数,表示十进制的 166。由 LOOP 循环实现,延时正好是 N 倍的 1ms。

2. 利用 ADDC 指令进行多字节的无符号二进制加法运算子程序

子程序名为 ADD1,程序框图如图 3-8 所示。

入口:被加数低字节地址存放在 R0 中,加数低字节地址存放在 R1 中,字节数存放在 R2 中

出口:和的低字节存放在 R0 中,字节数存放在 R3 中

```
            ORG   2000H
ADD1： PUSH PSW              ;保护标志寄存器内容
            CLR   C                 ;清进位标志
            MOV R3,♯00H
ADD2： MOV  A,@R0           ;相加
            ADDC A,@R1
            MOV  @R0,A
            INC   R0                ;地址值增 1
```

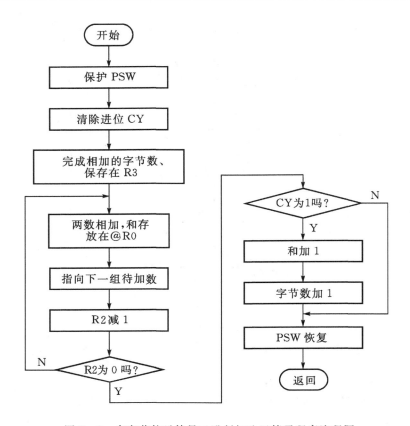

图 3-8　多字节的无符号二进制加法运算子程序流程图

INC	R1	
INC	R3	;字节数增 1
DJNZ	R2,ADD2	;所有字节未加完继续,否则向下执行
JNB	CY,ADD3	;无进位去 ADD3,有进位向下执行
MOV	@R0,♯01H	;总和后再加 1 位最高字节地址内容 01H
INC	R3	;字节数增 1
ADD3: POP	PSW	;恢复标志寄存器内容
RET		;返回主程序

3. 多字节十进制 BCD 码减法

由于 MCS−51 指令系统在减法中没有十进制调整指令 DAA,所以,用 9AH 减去减数得到以 10 为模的减数补码,变为与被减数相加,然后才能用 DAA 调整,多字节十进制 BCD 码减法子程序如下:

入口:被减数低字节地址在 R1 中存放

　　　减数低字节地址在 R0 中存放

　　　字节数地址在 R2 中存放

出口:差(补码)的低字节地址在 R0,差字节数在 R3

　　　07H 为符号位,"0"为正,"1"为负

```
源程序        ORG  2000；
SUBCD：  MOV    R3，♯00H          ;差字节清 0
         CLR    07               ;符号位清 0
         CLR    C                ;借位位清 0
SUBCD1：MOV    A，♯9AH
         SUBB   A，@R0            ;减数对 10 求补码
         ADDC   A，@R1
         DA     A
         MOV    @R0，A            ;存结果
         INC    R0               ;地址增 1
         INC    R1               ;地址增 1
         INC    R3               ;差地址增 1
         CPL    C                ;进位求反形成正确借位
         DJNZ   R2，SUBCD1        ;未减完，继续执行减法
         JNC    SUBCD2           ;无借位返主,否则继续执行
         STEB   07H              ;有借位,符号位置 1
SUBCD2：RET                     ;返主
```

4. 简单的查表程序（表格放在程序存储器中）

采用 PC 作为基址寄存器

```
    ORG    8000H
    ADD    A，♯03H            ;A←A＋♯data,即对 A 进行修正
    MOVC   A，@A＋PC          ;A←(A＋PC),即查平方表
    NOP
    NOP
    DB     0,1,4,9,16         ;平方数据表
    DB     25,36,49,64,81
    END
```

上述程序的说明：第一条指令执行后，累加器 A 中已含有平方数据表的地址偏移量；第二条指令执行后，PC 应指向该指令的下一地址上，而该地址并不是平方数据表的首地址，这就要求在第一条加法指令上外加一个偏移量 rel（在程序中为♯03H）。即有如下关系：

PC 当前值＋rel＝平方数据表的首地址

rel＝平方数据表的首地址－PC 当前值＝03H

偏移量实际可以理解为查表指令与数据表之间的存储单元个数，是一个 8 位无符号数。因此，查表指令和被查的数据表必需在同一个页面内。

5. 将无符号整形数转换成 ASCII 码

由附录 2 中可知，若 4 位二进制数小于 10，则此二进制数加上 30H，即变为相应的 ASCII；若 4 位二进制数大于等于 10,则此二进制数加上 37H 可变为相应的 ASCII 码。程序流程图如图 3－9 所示。

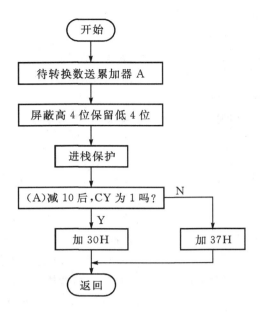

图 3-9 将无符号整形数转换成 ASCII 码子程序流程图

入口:转换前二进制数送 R2

出口:转换后的 ASCII 码存 R2 中

```
        ORG    1000
ASCII： MOV   A，R2        ;将 R2 中的数送累加器 A
        ANL   A，#0FH      ;取出 4 位二进制数(屏蔽高 4 位)
        PUSH  A           ;压入堆栈
        CLR   C
        SUBB  A，#0AH      ;将 A 中的数减去 10 再送 A
        POP   A           ;弹回 A 中
        JC    LOOP        ;若该数小于 10,跳转去 LOOP
        ADD   A，#07H      ;否则加 07H 进行转换
LOOP：  ADD   A，#30H      ;加 30H
        MOV   R2，A        ;转换成 ASCII 码并送 R2 中
        RET               ;返回主程序
```

6. ASCII 码转换为 4 位二进制数

程序流程图如图 3-10 所示。

入口:转换前 ASCII 码送 R2

出口:转换后的二进制数存 R2 中

```
        ORG    2000H
BCDB1： MOV    A，R2
        CLR    C
        SUBB   A，30H        ;ASCII 码减 30H
```

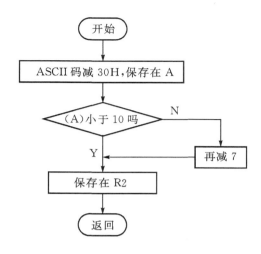

图 3 - 10 ASCII 码转换为四位二进制数流程图

```
         MOV    R2, A        ;得二进制数送 R2
         SUBB   A，♯0AH
         JC     LOOP         ;若该数小于 10,则返回主程序
         MOV    A, R2        ;若该数大于等于 10,则减 7
         SUBB   A，♯07H
         MOV    R2, A        ;所得二进制数送 R2
LOOP：   RET                 ;返回主程序
```

7. 子程序调用和返回指令

利用子程序调用技术编写令 20H—2AH、30H—3EH 和 40H—4FH 三个区域的清零程序,程序如下

```
         ORG    1000H
         MOV    SP，♯07H     ;令堆栈的栈底地址为 70H
         MOV    R0，♯20H     ;第一清零区首地址送 R0
         MOV    R2，♯0BH     ;第一清零区单元数送 R2
         ACALL  ZERO         ;给 20H—2AH 区清零
         MOV    R0，♯30H     ;第二清零区首地址送 R0
         MOV    R2，♯0FH     ;第二清零区单元数送 R2
         ACALL  ZERO         ;给 30H—3EH 区清零
         MOV    R0，♯40H     ;第三清零区首地址送 R0
         MOV    R2，♯10H     ;第三清零区单元数送 R2
         ACALL  ZERO         ;给 40H—4FH 区清零
         SJMP   $
         ORG    2017H
ZERO：   MOV    @R0，♯00H    ;清零
         INC    R0           ;修改清零指针
```

```
DJNZ    R2, ZERO        ;若 R2-1≠0,则跳回 ZERO
RET                     ;返回
END
```

本章小结

（1）汇编语言是为了方便记忆的机器语言；寻址方式的学习，有利于理解参与运算的数据从哪里来、到哪里去（中间不管什么样的赋值预算），掌握 7 种寻址方式，会用手工汇编的方法在编写好简单程序后，查出机器码。

（2）通过汇编指令的学习，进一步加强 MCS－51 的 CPU 结构特点，注意那些指令对 PSW 的影响，因为 PSW 中的标志位对控制类转移指令的转向判断十分重要，其中，RS1 和 RS0 的值又影响工作寄存器的选择，使用十分灵活。

（3）初学者在学习编写程序时，对自己写出的程序必须查附录指令一览，验证是否有该条指令存在，逐步明确各种寻址方式使用的范围，常犯的错误是按指令格式写出的"指令"是不存在的指令，例如：对 FSR 块没有间接寻址，只能用直接寻址。

（4）本章的学习重在学会用汇编语言编写一般常用程序，通过熟读程序范例逐步理解，不必死记硬背；另外通过实验是学习程序设计的最好方法。

（5）在任何情况下，断点是自动保护的，而现场保护在汇编语言中必须自己编写程序，而在 C51 中由于储存器是由编译器指定的，所以也不需要自己编写现场保护程序。对于较长的和难度较大的程序设计，尽量采用 C51 语言编写，如果仍然要用汇编语言编写，可从汇编程序库中以调用子程序的方法链接。

（6）操作码表明指令功能，常用的操作码有以下四类：

① 传送类：MOV　传送字节变量

　　　　　MOVX（外数据存储器,I/O）

　　　　　MOVC 程序存储器送数到 A

② 数据操作类：ADD　加　　和 ADDC 带进位加

　　　　　　SUBB 带借位减

　　　　　　MUL　乘

　　　　　　DIV　除

③ 程序控制类：AJMP（SJMP,LJMP）绝对转移（短转移,长转移）

　　　　　　JZ,JC,JB(JNZ,JNC,JNB)有条件转移

　　　　　　ACALL(LCALL)绝对调用（长调用）

　　　　　　RET 子程序返回

　　　　　　CJNE 第一操作数与第二操作数比较不等则转移

④ 逻辑操作类：ANL 与；ORL 或；XRL 异或

（7）操作数可以是数据，也可以是地址，而且更常见的是地址。

立即数：8 位数　♯data；　　　　　　　　　　　　　　　MOV A ♯03H

　　　　16 位数　♯data 16；　　　　　　　　　　　　　MOV DPTR,♯2400H

地址：所编址的寄存器：A,B,C(位),AB,DPTR(双字节)　MUL AB

内部数据 RAM:Rn(R0—R7),data,@R0,@R1　　ANL A,R3;

外部数据存储器:@DPTR,@R0,@R1　　MOVX A,@DPTR

SFR 中:data(直接地址)　　MOV A,87A

程序存储器:@A+DPTR,@A+PC　　MOVC A,@A+DPTR

位：bit(位地址及 C)　　MOV C,7FH(位地址)

习　题

1.选择填空：

(1) _____指令影响 MCS－51 单片机 PSW 的标志位。

A. MOV A, R0　　　　　　　B. MUL AB

C. MOVX A, @DPTR　　　　D. DJNZ R0, rel

(2) MCS－51 单片机执行指令

MOV　　　A，♯87H

MOV　　　R0，♯0D9H

CLR　　　C

SUBB　　　A，R0

执行后标志位 AC、CY、OV、P=_____

A. 0、0、0、0　　　　B. 0、0、1、0

C. 1、1、0、1　　　　D. 0、0、0、1

(3) MCS－51 单片机指令 DJNZ R0,rel 的机器代码为双字节 D8 _____,相对其操作码 D8 所在存储单元地址,其转移范围是_____。

A. －128—128　　　B. －126—129

C. －130—125　　　D. －128—127

(4) MCS－51 单片机指令 ACALL STR 调用范围为_____。

A.1K 地址　　　　B.4K 地址

C.2K 地址　　　　D.8K 地址

(5) MCS－51 单片机程序片断：

1FFDH：MOV　　SP，♯53H

2000H：LCALL　3000H

2003H：MOV　　A，@R0

　　……

3000H：PUSH　　A

　　　　PUSH　　PSW

　　……

30A0H：RET

当执行完 RET 指令时,PC=_____

A. 30A1H　　　B. 2000H

C. 2003H　　　D. 3003H

当执行完 PUSH　　PSW 指令后,SP=_____

  A. 57H　　　　　　　B. 55H

  C. 56H　　　　　　　D. 58H

2. 分析指令的类别、寻址方式、完成功能。

(1) MOV　　　　A，R3；

(2) MOV　　　　65H，A；

(3) ADD　　　　A，#75H；

(4) ANL　　　　A，#0F0H；

(5) SUBB　　　A，@R1；

(6) JMP　　　　@A+DPTR；

(7) SETB　　　ACC.7；

(8) MOV　　　　P2.4，C；

(9) DJNZ　　　40H，READ；

(10) CJNZ　　　A，#05H，CHK6；

3. 读程序

(1) PC 值　　源程序

    0100　　MOV　A，#02H

    0102　　MOVC A，@A+PC

    0103　　NOP

    0104　　NOP

    0105　　DB　　　15H

    0106　　DB　　　16H

    0107　　DB　　　18H

问:当执行完 MOVC　A，@A+PC 后,(A)=_____。

(2)　　　　　　MOV　A，#07H

           MOV　R2，#08H

           MOV　R3，#00H

           CLR　C

LOOP：　RLC　A

           JNC　LOOP1

           INC　R3

LOOP1：　DJNZ　R2，LOOP

问:执行上述程序段后

    (R2)=_____,(A)=_____,(C)=_____,(R3)=_____。

(3) 设 20H 中的数为 24H

        ORG　　2000H

        MOV　R0，#20H

        MOV　A，#18H

        MOV　R5，A

```
        MOV    @R0，A
        MOV    INC，R0
        MOV    @R0，A
        SJMP   $
        END
```

问：执行完程序后(A)=_____，(R5)=_____，(21H)=_____。

(4)　　　ORG   8000

```
        MOV    A，♯0AAH
        MOV    DPRT，♯0070H
        MOVX   @DPRT，A
        MOV    R0，♯70H
        MOV    @R0，A
        MOV    A，♯0BBH
        XCHD   A，@R0
        SJMP   $
        END
```

问：执行完程序后 A 中的数据。

(5) 执行程序片断　　MOV　　R0，♯89H

　　　　　　　　　　MOV　　A，@R0

与指令 MOV A,89H 后,累加器的内容相同吗? 为什么?

第 4 章　MCS－51 的内部资源

MCS－51 的内部资源有两个定时/计数器、全双工串行通信口和两个外部中断入口。

4.1　定时/计数器

在测控系统中,常用到一些定时或延时以及对外部事件的计数,MCS－51 单片机可提供两个 16 位的定时/计数器,分别记作 T0 和 T1。在这里定时器与计数器没有严格的区别,均使用了一个加 1 计数器完成,当计数器的输入脉冲来自单片机振荡器的频率经 12 分频时称作定时器;而采用外部计数(事件)脉冲时称作计数器。当外部输入脉冲是固定频率时,也可以得到定时输出。

4.1.1　定时/计数器的结构和工作原理

定时/计数器的结构框图如图 4－1 所示。

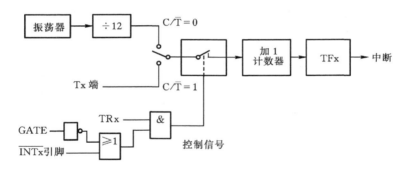

图 4－1　定时/计数器的结构框图

从图中可知,定时/计数器的核心是一个加 1 计数器,C/$\overline{\text{T}}$ 选通接收来自外部输入 Tx 脉冲下降沿或振荡器/12 的脉冲下降沿输入,当加 1 计数器计到全 1 后再来一个脉冲下降沿变为全 0 时产生一个进位,该进位送入中断申请标志 TFx 中向 CPU 发出申请中断请求。

显然当 C/$\overline{\text{T}}$＝0 时为定时方式,C/$\overline{\text{T}}$＝1 时为计数方式。

在图 4－1 中,控制信号的逻辑表达式为 $(\overline{\text{GATE}+\overline{\text{INTx}})} \cdot \text{TRx}$,式中:GATE 为选通门,$\overline{\text{INTx}}$ 是与中断有关的引脚信号,TRx 为定时/计数器的运行控制位;当控制信号为"1"时开关闭合。

4.1.2　定时/计数器工作模式和控制寄存器

MCS－51 的定时/计数器的工作模式和运行控制分别是由两个特殊功能寄存器 TMOD

和 TCON 来控制的。这些寄存器的内容靠软件设置。系统复位时,寄存器的所有位都被清零。

1. 模式控制寄存器 TMOD

TMOD 用于控制定时/计数器 T0 和 T1 的操作模式:其各位的定义见表 4－1。其中低 4 位用于控制定时器 0,高 4 位用于控制定时器 1。只能直接字节寻址。

表 4－1　定时/计数器控制寄存器 TMOD

GATE	C/T̄	M1	M0	GATE	C/T̄	M1	M0

GATE 为选通门:当 GATE＝1 时,只有 $\overline{INTx}$ 引脚为高电平且 TRx 置 1 时,相应的定时/计数器才被选通工作,这时可用于测量在 $\overline{INTx}$ 端出现的正脉冲的宽度。若 GATE＝0,则只要 TR0 或 TR1 置 1,定时/计数器就被选通,而与 $\overline{INT0}$ 或 $\overline{INT1}$ 的电平高低无关。通常初始化程序设定时尽量选择 GATE＝0,这样控制选通仅与 TRx 有关,TRx＝1 时选通有效。

C/T̄ 计数器方式和定时器方式的选择位:C/T̄＝0,设置为定时器方式,内部计数器的输入是内部脉冲,其周期等于机器周期。C/T̄＝1,设置为计数器方式,内部计数器的输入是来自 T0(P3.4)或 T1(P3.5)端的外部脉冲。例如,使用 T0 方式 1,计数方式,可将定时/计数器初始化设置为 TMOD＝05H,TH0＝0FFH,TL0＝0FFH,TR0＝1(启动),当外部输入脉冲出现一个下降沿,定时/计数器溢出并申请中断,将 TX 转换为外部中断源。

M1 和 M0 操作模式控制位。2 位可形成 4 种编码,对应 4 种工作模式。

2. 状态控制寄存器 TCON

TCON 的各位定义见表 4－2。各位的作用如下:可位寻址也可以字节寻址。

表 4－2　定时/计数器控制寄存器 TCON 字地址 88H

TF1	TR1	TF0	TR0	IE1	IT1	IE0	IT0
8F	8E	8D	8C	8B	8A	89	88

TF1(TCON.7)　定时器 1 溢出标志。当定时/计数器溢出时,由硬件置位,申请中断。进入中断服务后被硬件自动清除。

TR1(TCON.6)　定时器 1 运行控制位。靠软件置位或清除,置位时,定时/计数器接通工作,清除时停止工作。

TF0(TCON.5)　定时器 0 溢出标志。其功能和操作情况类同于 TF1。

TR0(TCON.4)　定时器 0 运行控制位。其功能和操作情况类同于 TR1。

IE1(TCON.3)　外部沿触发中断 1 请求标志。检测到在 INT 引脚上出现的外部中断信号的下降沿时,由硬件置位,请求中断。进入中断服务后被硬件自动清除。

IT1(TCON.2)　外部中断 1 类型控制位。靠软件来设置或清除,以控制外部中断的触发类型。IT1＝1 时,是下降沿触发,IT1＝0 时,是低电平触发。

IE0(TCON.1)　外部沿触发中断 0 请求标志。其功能和操作情况类同于 IE1。

IT0(TCON.0)　外部中断 0 类型控制位。其功能和操作情况类同于 IT1。

4.1.3 定时/计数器的工作模式

寄存器 TMOD 中的 M1、M0 两位有 4 种不同的取值,导致了 THx 与 TLx 硬件上的 4 种不同组合,从而形成了 4 种不同的工作模式,现分述如下。

1. 工作模式 0

定时/计数器 1 在工作模式 0 时的逻辑图(该图对定时/计数器 0 也适用,只要把图中相应的标识符后缀 1 改为 0 即可)如图 4-2 所示。

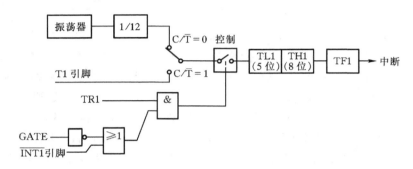

图 4-2 定时/计数器 1(或 0)工作模式 0:13 位计数器

在这种模式下,16 位寄存器 THl+TLl 只用了 13 位,TL1 的高 3 位未用。这种模式一般很少使用,下面提到的模式 1 完全可以胜任模式 0 的工作,因而从使用的角度只需掌握模式 1 的使用方法。

2. 工作模式 1

模式 1 和模式 0 几乎完全相同,唯一的差别是:模式 1 中,定时器寄存器 THl 加 TLl 是以全 16 位参与操作的。定时/计数器 1 在工作模式 1 时的逻辑图如图 4-3 所示。

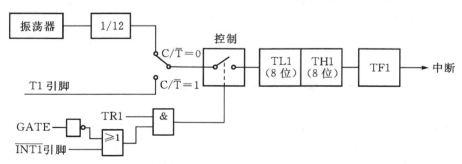

图 4-3 定时/计数器 1(或 0)工作模式 1:16 位计数器

图中 C/$\overline{T}$ 是 TMOD 中的控制位,当 C/$\overline{T}$=0 时,选择定时器方式,C/$\overline{T}$=1 时选择计数器方式。

引脚 T1(P3.5)接外部输入信号。TR1 是专用寄存器 TCON(定时器控制)中的一个控制位,GATE 是 TMOD 中的另一个控制位,引脚 $\overline{INT1}$(P3.3)是外部中断 1 的输入端,在此另有它用。

TFl 是定时器溢出标志。当满足条件(TRl＝1)AND(GATE＝0 OR $\overline{INT1}$＝1)为真时，接通计数输入。当计数值由全 1 再增 1 变为全 0 时,使 TFl 置 1,请求中断。

若 TR1＝1 和 GATE＝1,则 THl＋TLl 是否计数取决于$\overline{INT1}$引脚的信号,当$\overline{INT1}$由 0 变 1 时,开始计数,$\overline{INT1}$由 1 变 0 时停止计数。

3. 工作模式 2

模式 2 把定时器寄存器 TLl(或 TL0)配置成一个可以自动重装载的 8 位计数器,如图 4-4 所示。TLl 计数溢出时,不仅使溢出标志 TFl 置 1,而且还自动把 THl 中的内容重新装载到 TLl 中。THl 的内容可以靠软件预置,重新装载后 TH1 中的内容不变。

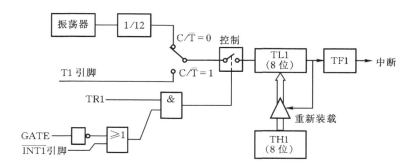

图 4-4　定时/计数器工作模式 2

在程序初始化中,TL1 和 TH1 由软件赋予相同的初值,一旦 TL1 计数溢出时,便置位 TF0,并将高 8 位 TH1 的值再自动装入 TL1,继续计时,循环重复。

定时/计数器工作在模式 2,只有 8 位参与计数,当定时/计数器低 8 位(如 TL1)计数溢出时,单片机会自动将存放在 TH1 中的值装载进 TL1,定时/计数器就在此初值基础上继续进行定时计数,这就完成了 8 位自动重装。与模式 1 相比,不需要在中断程序中对 TL1 再赋值,只需在初始化时,对 TL1 和 TH1 赋相同的值就行了。

工作模式 2 对定时控制特别有用。例如希望利用定时/计数器每隔 $250\mu s$ 产生一个定时控制脉冲,则可以采用 12MHz 的振荡器,把 THl 预置为 6,并使$C/\overline{T}$＝0。模式 2 还特别适于把定时/计数器 1 作串行口波特率发生器。

4. 工作模式 3

工作模式 3 对定时/计数器 0 和定时/计数器 1 是大不相同的。对于定时/计数器 1,设置为模式 3 将使它保持原有的计数值,其作用如同使 TRl＝0。事实上,工作模式 3 极少被用到,对其工作原理只需稍加分析即可。

对于定时/计数器 0,设置为模式 3,将使 TL0 和 TH0 成为两个互相独立的 8 位计数器,如图 4-5 所示。其中 TL0 利用了定时/计数器 0 本身的一些控制位:$C/\overline{T}$、GATE、TR0、$\overline{INT0}$和 TF0。它的操作情况与模式 0 和模式 1 类同。但 TH0 被规定只用作定时器,对机器周期计数,它借用了定时器 1 的控制位 TRl 和 TFl,故这时 TH0 控制了定时器 1 的中断。

工作模式 3 适用于要求增加一个额外的 8 位定时器的场合。把定时/计数器 0 设置于操作模式 3,TH0 控制了定时器 1 的中断,而定时/计数器 1 还可以设置于模式 0～2,用在任何不需要中断控制的场合。

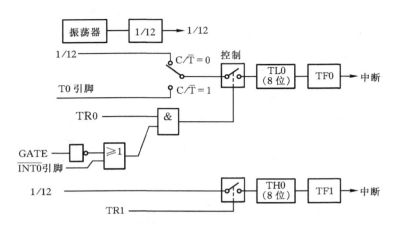

图 4－5　定时/计数器工作模式 3：两个 8 位计数器

由于在 MCS－51 中，定时/计数器以加 1 的方式计数，在计数溢出时向 CPU 申请中断，所以装入计数器的初值为 $2^n - x$，对模式 0：$n=13$；模式 1：$n=16$，模式 2 和模式 3，$n=8$。当定时/计数器工作在定时方式时，x 为 Tx 实际计数值；定时与晶振频率有关。

例如：当晶振为 12MHz 时，一个机器周期 $Tp=12/$晶振频率$=1\mu s$，定时时间 Tc 为：$Tc = x \cdot Tp$，所以，装入初值为 $2^n - x = 2^n - Tc/Tp$

4.1.4　编程举例

定时/计数器可用汇编或 C 语言实现编程，无论使用汇编语言还是 C 语言，都需要对定时/计数器初始化操作，其步骤如下：

把工作模式控制字写入 TMOD 寄存器中；

把定时或计数初值装入 TLx、THx 寄存器中；

置位 ETx 允许定时/计数器中断；

置位 EA 使 CPU 开放中断；

置位 TRx 以启动计数。

例 1：设定时/计数器 T0 为定时状态，工作于模式 1，定时时间为 2ms，每当 2ms 到申请中断，在中断服务程序中将累加器 A 的内容左环移一次送 P1 口，已知晶振频率为 6MHz。

编程如下：

汇编语言程序：

```
        ORG   0000H        ;给出首地址
        AJMP  MAIN         ;转主程序
        ORG   000BH        ;T0 中断服务程序
        MOV   TL0，#18H      ;送 2ms 时间常数
        MOV   TH0，#0FCH
        RL    A
        MOV   P1，A          ;A 累加器内容左环移一次送 P1 口
        RETI
```

```
MAIN： MOV  SP，♯53H        ;主程序
        MOV  TMOD，♯01H      ;T0 初始化
        MOV  TL0，♯18H
        MOV  TH0，♯0FCH
        MOV  A，♯01          ;累加器 A 置 01H
        STEB TR0             ;启动 T0 计数
        SETB ET0             ;允许 T0 中断
        SETB EA              ;CPU 开中断
        SJMP $               ;等待
```

例 2：设定时/计数器 T0 工作于模式 2，TL0 为 8 位计数器，TH0 作为数据缓冲器，可自动再装入时间常数，产生 $500\mu s$ 定时中断，在中断服务程序中把累加器 A 的内容减 1，然后送 P1 口显示。设晶振频率为 6MHz。程序编制如下：

汇编语言程序：

```
        ORG  0000H          ;给出首地址
        AJMP MN             ;转主程序
        ORG  000BH          ;T0 中断服务程序
        DEC  A              ;A 内容减 1 送 P1 口
        MOV  P1，A
        RETI
MN：    MOV  SP，♯53H
        MOV  TMOD，♯02H      ;T0 初始化
        MOV  TL0，♯06H       ;500μs 时间常数
        MOV  TH0，♯06H
        SETB TR0            ;启动 T0 计数
        SETB ET0            ;允许 T0 中断
        SETB EA             ;CPU 开中断
        SJMP $              ;等待
        END
```

例 3：利用 GATE＝1，TRx＝1，只有 $\overline{INTx}$ 引脚输入高电平时，Tx 才被允许计数，利用此，将外部输入正方波经 $\overline{INTx}$ 引脚上输入，如果将 TRx 事先置 1，作为预启动，当外输入上升沿到来时，定时器启动，当下降沿到来时，定时器停止计数，这时 CPU 读出计数值并乘以机器周期时间（晶振周期已知），得出正方波的宽度；用这种方法也可测出负方波宽度（硬件加入反相器）和同频率的相位差等。

汇编语言程序：

```
        ORG  0000H          ;T0 初始化
        MOV  TMOD，♯09H      ;T0 工作于模式 1、定时、GATE 置 1
        MOV  TL0，♯00H
        MOV  TH0，♯00H
        JB   P3.2，$         ;等待 INT0 低电平，$ 表示本条指令地址
```

```
SETB  TR0
JNB   P3.2,$          ;等待INT0上升沿
JB    P3.2,$          ;等待INT下降沿
CLR   TR0             ;关 T0
MOV   A,TL0
MOV   B,TH0           ;计算脉宽或送显示器显示
......
```

4.2　串行通信及其接口

　　CPU 与外设之间或 CPU 与 CPU 之间的信息交换称为通信。通信的方式有两种：并行通信和串行通信。并行通信是指数据各位同时进行传送，而各个字是串行传送，这种方式传输速度快，但硬件线路复杂，成本高。串行通信是指将数据按一位一位的顺序传送的通信方式，这种方式线路简单，只需一对传输线就可以实现通信。在加 Modem 情况下可以利用电话线传输，因此适合于远距离通信，成本低但速度慢。

4.2.1　通用异步接收/发送 UART

　　硬件 UART(Universal Asynchronous Receiver/Transmitter)的功能使 CPU 减轻负担，它可由硬件完成并行转串行发送，又能将串行接收后转并行。在发送和接收中又能识别奇偶错误、帧错误和溢出(丢失)错误等。

　　采用外部时钟同步的方式，使时钟周期是数据周期的 1/16，时序控制使得采样点正好出现在数据有效的中间，保证了采样的正确性。

　　MCS−51 的串行通信接口是具有 UART 功能的可编程的全双工传送的通信接口，如图 4−6 所示。

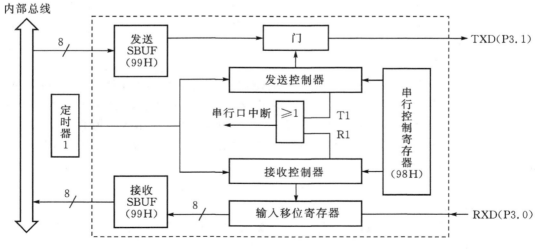

图 4−6　MCS−51 的串行接口示意图

由于内部有互相独立的接收和发送缓冲器，发送缓冲器能实现由 CPU 向外发送的并行

数据转换为串行数据的功能,具有只写不读的特点。而接收缓冲器具有把接收到的串行数据转换为并行数据而读入 CPU 的功能,具有只读不写的特点,所以能共用一个字地址 99H。

作为接口的一部分,UART 常用于以下几个方面:

(1)在输出数据流中自动加入起始位和停止位,并从接收数据流中删除起始位和停止位;

(2)将由单片机内部传送过来的并行数据转换为输出的串行数据流;

(3)将外设送来的串行数据转换为字节,即供 CPU 内部使用并行数据;

(4)在输出的串行数据流中加入奇偶校验位,并对从外部接收的数据流进行奇偶校验。

4.2.2　MCS—51 的串行通信接口

1. MCS—51 串行接口的控制寄存器

在 MCS—51 中是通过串行控制器 SCON(控制工作方式)和特殊功能寄存器 PCON(控制波特率选择)而工作的,分别介绍如下。

(1)串行控制寄存器 SCON(字地址为 98H)

它的各位定义见表 4-3,可以位寻址也可以字节寻址。

(MSB)　　　　　　　　表 4-3　串行控制寄存器 SCON　　　　(LSB)

SM0	SM1	SM2	REN	TB8	RB8	TI	RI
9F	9E	9D	9C	9B	9A	99	98

SM0(SCON.7)和 SM1(SCON.6)为串行口操作方式选择位。

两个选择位对应于 4 种方式,见表 4-4。其中 f_{osc} 是振荡器频率,UART 表示通用异步接收和发送器。

表 4-4　串行口操作方式选择

SM0	SM1	方式	功　　能	波　特　率
0	0	0	同步移位寄存器	$f_{osc}/12$
0	1	1	8 位数据位 UART	可　变
1	0	2	9 位数据位 UART	$f_{osc}/64$ 或 $f_{osc}/32$
1	1	3	9 位数据位 UART	可　变

SM2(SCON.5)为多处理机通信使能位。

当主从式多处理机通信时,开始各从机都应置 SM2=1。主机发出第一帧信息应是地址帧(该帧的第 9 位就是 TB8=1),各从机接收完第一帧信息后,向各自的 CPU 申请中断并进入各自的中断服务程序中,但只有地址相符的那个从机在中断服务程序中,使 SM2=0,为接收做好准备。也就是说,下一帧若是 TB8=0 的数据帧将被接收,而其他从机的 SM2 仍然为 1。主机发送的下一帧即使是 TB8=0,也不理睬。

在方式 1 中,若 SM2=1 时,只有接收到有效的停止位,RI 由硬件置位被激活,表示接收完。在方式 0 中,SM2 必须是 0。

REN(SCON.4)为允许接收控制位。

由软件置位或清除。REN=1 时允许接收,REN=0 时禁止接收。例如:MOV SCON,♯0B0H;表示初始化串口方式 2 多处理机通信(SM2=1),REN=1 允许接收。又如:MOV

SCON,♯52H;表示初始化串口方式1,SM2=0点对点通信,REN=1允许接收。在方式0中,MOV SCON,♯10H;表示初始化串口方式0。

TB8(SCON.3)为发送数据第8位。

该位是串口方式2和3中要发送的第9位数据,在多处理机通信中,这一位用于表示是地址帧还是数据帧。地址帧为1,数据帧为0。

在串口方式2、3非多处理机通信中,该位是奇偶位,可以按需要由软件置位或清除。

在串口方式0中未用,在串口方式1中,大都是采用8位数据传送,即该位是1,也就是停止位,如果是0必须等到有效停止位才能停止;有时也用9位数据传送,这时SM2=1,TR8为奇偶位。

RB8(SCON.2)为接收数据第8位。

该位是方式2和方式3中已接收的第9位数据。在多处理机通信中,这一位用于表示是地址帧还是数据帧。地址帧为1,数据帧为0。

在串口方式2和方式3非多处理机通信中,该位是奇偶位,可以按需要由软件置位或清除。在方式0中,RB8未用。在方式1中,若SM2=0,RB8是已接收的停止位。有时也用9位数据传送,这时SM2=1,RB8为奇偶位。

TI(SCON.1)为发送中断标志。

在方式0中,发送完第8位数据时,由硬件置位TI=1,申请中断,请求CPU响应中断后,发送下一帧数据。其他方式中,在发送停止位中,由硬件置位TI=1,申请中断。在任何方式中,都必须由软件来清除TI。

RI(SCON.0)为接收中断标志。

在方式0中,接收第8位结束时,由硬件置位RI=1,申请中断,请求CPU响应中断后,取走数据。其他方式中,在接收停止位中,硬件置位RI=1,申请中断,要求CPU取走数据。同样在任何方式中,必须靠软件清除。在系统复位时,SCON中的所有位都被清除。

(2) 特殊功能寄存器PCON(字地址为87H)

在串行通信中,仅用PCON寄存器中的D_7位为波特率选择位。当用软件使SMOD=1时,则使方式1、方式2、方式3的波特率加倍。SMOD=0,各工作方式的波特率不加倍,整机复位时,SMOD=0。

单片机串行发送通道内设有发送数据缓冲寄存器。所有的串行方式中,在写SBUF信号的控制下,将其数据装入相同的9位移位寄存器,前面8位为数据字节,其最低位就是移位寄存器的移位输出位。根据不同的工作方式会将"1"或TB8的值装入移位寄存器的第9位,并进行发送。

串行接收通道的接收寄存器,在方式0时移位寄存器字长为8位,在其他方式其字长为9位。当一个字符接收完毕,移位寄存器中的数据字节装入串行接收数据缓冲器SBUF中,其第9位则装入SCON寄存器的RB8位。如果SM2使得已接收的数据无效,则RB8位和SBUF缓冲器中内容不变。

2. MCS-51 串行接口的四种工作方式

(1) 方式0

方式0是移位寄存器方式,RXD为数据的输入、输出端,TXD为同步信号输出端。传送

波特率为固定 $f_{osc}/12$，其中 f_{osc} 为单片机振荡频率，发送和接收均为 8 位数据，低位在前，高位在后。在方式 0 下，发送和接收的时序如图 4-7 所示。

　　发送过程：当 CPU 将数据写入到发送缓冲器 SBUF(MOV SBUF,A)，内部 SEND 信号变高，SHIFT 移位脉冲将 SBUF 中的数据移出，由 TXD 端输出与 SHIFT 移位脉冲的同步脉冲，控制串行口将 8 位数据从 RXD 端发出，其波特率为晶振频率的 12 分频，数据发完后，硬件置中断标志 TI 为"1"。

　　接收过程：置允许接受控制为 REN=1，软件清除 RI 中断标志接收器启动(CLR RI)，内部 RECEIVE 信号变高，由 TXD 端输出与 SHIFT 移位脉冲的同步脉冲，控制串行口将 8 位数据从 RXD 端接收(可理解为打开三态门让传来的信号进入 RXD 口)，其波特率为晶振频率的 12 分频，而 SHIFT 移位脉冲(相当于移位寄存器的 CP)将 8 位数据移入 SBUF 中，数据接收完后，硬件置中断标志 RI 为"1"。

　　由于波特率是固定的，所以不需要定时/计数器产生波特率，当以中断方式传送数据时，中断标志 TI 和 RI 必须由软件清除。

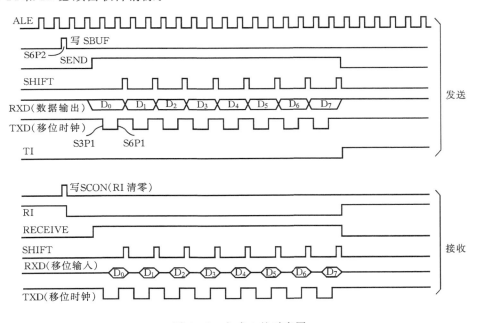

图 4-7　方式 0 的时序图

　　(2) 串行方式 1、2、3
　　方式 1、方式 2 和方式 3 的接收和发送时序图分别如图 4-8、图 4-9 所示。
　　方式 1 通常为 10 位通用异步方式，一帧数据为 10 位：起始、低位到高位、停止位。当以方式 1 发送时，数据从 TXD 端输出，采用发送缓冲器指令可启动数据发送。例如 MOV SBUF，A 指令，即只要将数据写入 SBUF 中就立即发送，当发送停止位时，同时置 TI=1，以备查询或申请中断之用。
　　当以方式 1 接收时，在 REN=1，方式 1 允许接收，接收完后 RI=1 申请中断，下次接收的有效条件是，同时满足下面两个条件：①RI=0，即上次传送接收的中断标志已清除，表明 SBUF 中的一帧数据已被取走；②SM2=0 或接收到停止位为 1。

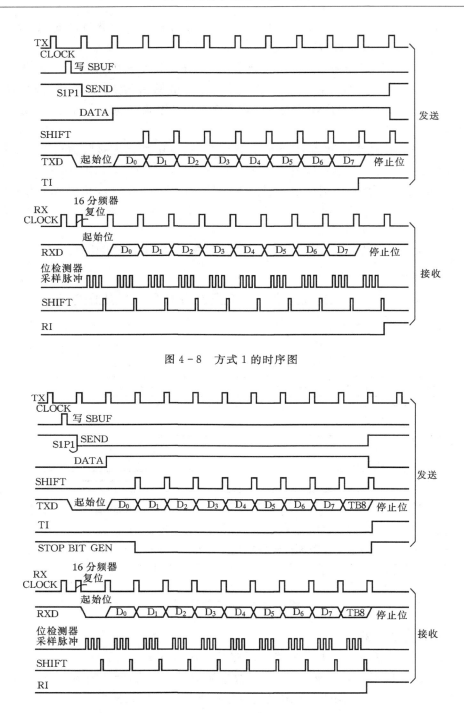

图 4-8　方式 1 的时序图

图 4-9　方式 2 和方式 3 的时序图

方式 1 的接收过程：串行口以选定波特率的 16 倍速采样 RXD 端输入数据的状态，当采样到 RXD 由"1"变"0"的跳变，就启动接收器，对每位数进行连续三次采样，取至少两次相同值为接收值，接收完后，置 RI＝1，申请中断，中断后 RI 由软件清除。有时也用 9 位数据传送，这时 SM2＝1,TR8 为奇偶位。

方式 2 为 11 位异步通信方式,每帧为 11 位:起始位、低位到高位共 8 位数据位、1 位可编程位(第 9 位)和 1 位停止位。

方式 2 的发送:TXD 为发送端,其中第 9 位数据被送到 SCON 中为 TB8,用作多机通信为数据/地址标志设置,也可以用作数据的奇偶校验位,可用软件置位或清零,发送完后,自动置 TI＝1,申请中断,利用定时器 1 作为波特率发生器。

接收由 RXD 端输入,置 REN＝1 后立即开始接收,当接到 RXD 上有下降沿时,确认起始位有效,接收完一帧后,当 RI＝1;SM2＝0,或接收的第 9 位数据位 RB8＝1 表示接收完成。

方式 3 与方式 2 基本相同,只有一点是在方式 3 中波特率可编程的,一般由定时器 1 作为波特率发生器。而方式 2 在 SMOD 确定后是固定的。

方式 1、方式 3 在接收和发送时用的波特率发生器,常采用 T1 定时/计数器的方式 2 通过编写出的程序片断实现,当单片机系统的晶振频率为 11.0592MHz 时,可获得标准波特率。

3. MCS－51 串行接口的工作过程

(1)发送过程

数据由 TXD 端输出,CPU 执行 MOV SBUF,A 指令将数据写入 SBUF 自动启动移位寄存器,按起始位、数据低位、高位、奇偶校验、停止位顺序发送,一帧完后,硬件自动使 TI＝1 申请中断,中断后由软件清除。

(2)接收过程

数据由 RXD 端输入,CPU 执行 CLR RI 指令,串行口以所选定波特率的 16 倍速率采样 RXD 端状态,当采到 RXD 的下降沿时启动接收器接收一帧代码,并把该代码拼成并行码送入接收缓冲寄存器中。接收完后置 RI＝1 向 CPU 申请中断。中断后由软件清除。

(3)串行方式 1、2、3 的主要区别

这三种串行方式的重要区别是字符格式的约定和波特率的选择。

①在字符格式上,方式 1 通常是数据字 8 位异步通信加起始、停止位共 10 位。而方式 2、3 为 9 位数据字位,共 11 位信息,其中数据字的第 9 位是在发送时由程序决定为 1 还是 0。当在多处理机通信中,该位为 1 时表示该帧数据为地址信息,主要用于多机通信中选择与相同地址的从机进行通信。非多处理机通信中,该位是奇偶位。

② 在波特率的选择上,串行方式 0 的波特率＝$\dfrac{f_{osc}}{12}$,固定。

串行方式 2 的波特率＝$\begin{cases} f_{osc}/32; & SMOD=1 \\ f_{osc}/64; & SMOD=0 \end{cases}$,程序设定 SMOD 后,波特率固定。

串行方式 1、3 的波特率＝$\dfrac{2^{smod}}{32} \times \dfrac{f_{osc}}{12 \times [256-(TH1)]}$

上式表示采用定时/计数器 1 作为波特率发生器(式中:第二项也称为定时器的溢出率),条件是中断允许寄存器 IE 的 ET1＝0(不允许中断),典型用法是定时器 1 工作在自动自装入时间常数的模式 2(即 TMOD 的高 4 位为 0010B 状态,TCON 中的 TR1＝1 即启动定时器 1)。

注:公式中 TH1 代入十进制数,而在写入定时器初值时一般改写成十六进制。

③在发送前,当数据字的第 9 位是用于奇偶位时,必须先将奇偶位写入 TR8,然后使用 MOV SBUF,A 指令启动发送,设工作寄存器组 2 的 R0 为发送数据区地址指针,其子程序编

程如下：

```
RIPTI：PUSH    PSW
      PUSH    A
      SETB    PSW.4
      CLR     PSW.3
      CLR     TI
      MOV     A，@R0
      MOV     TB8，P
      INC     R0
      POP     A
      POP     PSW
      RET
```

4.2.3　多处理机通信

串行口控制寄存器 SCON 中 $SM_2=1$ 为方式 2 和方式 3 时用于多机通信时的控制位。这种通信一般为一台主机和多台从机系统。从机之间相互不能直接通信。

在多机通信中，从机串行口必须设置为在方式 2 或方式 3 下工作，而且应使 SM_2 及 REN 控制位置"1"，处于接收状态。

当主机想发送一组数据给几个不同的从机时，先送一个地址帧以识别目标从机（从机已有地址编号），当各从机接收到主机发出的地址帧信息后，自动将第 9 位状态中的"1"送到 SCON 的 RB8 位激发中断标志 RI=1，分别中断各 CPU。各 CPU 响应中断后，在中断服务程序中把主机送来的地址号与本从机的地址号相比较。若地址相符使本机之 SM_2 和 RI 清"0"，准备接收后面送来的数据。而地址不相符的其他从机仍然维持 $SM_2=1$ 的状态，不接收主机后续发来的信息。

4.2.4　串行口程序设计举例

1. 串行口初始化

（1）串行口的波特率选择

常选 $f_{osc}=11.0592MHz$，其优点是能容易获得标准波特率，常用定时/计数器 T1 在工作模式 2 作为串行口波特率发生器，常用的标准波特率和 TH1 初值的关系有：

$f_{osc}=11.059\,2MHz$		$f_{osc}=12MHz$	
19200b/s	SMOD＝1，TH1 初值为 FDH		
9600b/s	SMOD＝0，TH1 初值为 FDH		
4800b/s	SMOD＝0，TH1 初值为 FAH	4800b/s SMOD＝1，TH1 初值近似为 F3H	
2400b/s	SMOD＝0，TH1 初值为 F4H	2400b/s SMOD＝0，TH1 初值近似为 F3H	
1200b/s	SMOD＝0，TH1 初值为 E8H	1200b/s SMOD＝0，TH1 初值近似为 E6H	

用户只需按所选定的波特率在初始化时按上述查找确定 TH1 的初值,可避免利用公式进行繁琐的计算。

(2) 用定时/计数器 T1 产生波特率的初始化

①初始化对 TMOD 寄存器送控制字,定时器 1 为工作模式 2,采用 8 位自动装入初值。

②根据波特率选择计算或查表将时间常数送入 TH1、TL1;令 TR1＝1 启动定时/计数器 1 工作。

(3) 串行口的初始化

①SCON 串行控制寄存器(工作状态控制字)的初始化。

②对 PCON 寄存器送控制字,实际上仅对 D_7 位 SMOD 控制位选择 1 或 0。

③串行口用中断方式接收/发送数据时,串行口和 CPU 开中断。对 IE 寄存器送中断控制字或置位相应的控制位。

④启动串行口,当为发送时用 MOV SBUF,A 指令;接收时用 CLR RI 指令。

注:用汇编语言编程时,用户必须为收/发数据开辟一个存储区,且不断使用传送指令,较为繁琐,而用 C 语言,存储空间由编译器分配,应用数组和循环语句简化了程序设计。

2. 串行口程序设计举例

设有甲、乙两台单片机,编出用调用子程序的方法进行如下串行单工通信功能的程序。

甲机发送:从内部 RAM 单元 20H—25H 中取出 6 个 ASCII 码数据,在最高位加上奇偶校验位后串行口发送。采用 8 位异步通信,起始和停止位共 10 位,传送波特率为 1200b/s (f_{osc}＝11.059 2 MHz)。

乙机接收:接收机把接收到的 6 个 ASCII 码数据,先检查奇偶校验。若传送正确,将数据依次存放在内部 RAM 区 20H—25H 单元中。若奇偶出错,则将出错信息"FFH"存入相应的单元。

单工通信流程如图 4 - 10 所示。

汇编语言编程:

甲机:主程序

```
            ORG     2000H           ;主程序入口地址
            MOV     TMOD，♯20H      ;置定时器 1 为工作方式 2
            MOV     TH1，♯0E8H      ;置波特率时间常数 1200b/s
            MOV     TL1，♯0E8H
            MOV     SCON，♯40H      ;串行口工作方式 1
            SETB    TR1             ;启动定时器 1 工作
            MOV     R0，♯20H        ;数据首地址→R0
            MOV     R7，♯06H        ;传送字节数→R7
LOOP：      MOV     A，@R0           ;取一个待传送的数据字节
            LCALL   OUT1            ;调用串行口发送子程序
            INC     R0              ;修改地址指针
            DJNZ    R7，LOOP         ;数据若未全部发送完毕,则转 LOOP
OUT1：      MOV     C，P             ;设置奇偶校验位(补奇)
            CPL     C
```

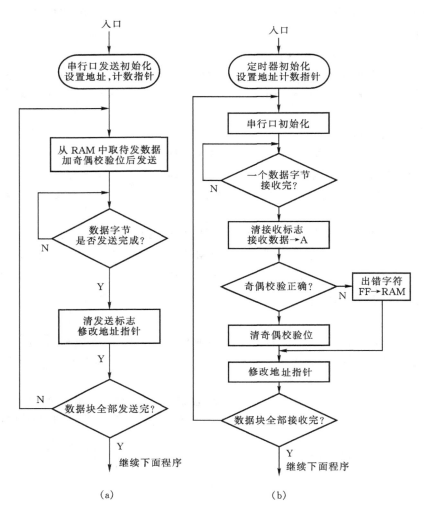

图 4-10 单工通信流程图

(a)甲机发送流程图;(b)乙机接收流程图

MOV	ACC.7, C	
MOV	SBUF, A	;启动串行口发送数据
JNB	TI, $	;等待数据字节发送完毕,硬件置 TI=1 跳出
CLR	TI	;清发送标志 TI,为下一数据字节发送做准备
RET		;子程序返回

乙机:主程序

ORG	2000H	;主程序入口地址
MOV	TMOD, #20H	;置定时器 1 工作方式 2
MOV	TH1, #0E8H	;置波特率时间常数
MOV	TL1, #0E8H	
SETB	TR1	;启动定时器 1

```
            MOV      R0，♯20H        ;存放数据首址→R0
            MOV      R7，♯06H        ;存放数据字节数→R7
LOOP：      LCALL    IN1            ;调用接收子程序
            JC       ERROR          ;若 C＝1，则出错,转出错处理程序
            MOV      @R0，A          ;将接收的数据送指定 RAM 单元中
LOOP1：INC   R0                      ;修改地址指针
            DJNZ     R7，LOOP        ;数据字节若未全部接收完毕,则继续
IN1：       MOV      SCON，♯52H      ;置串行口工作方式 1,并使 REN＝1 允许接收
            JNB      RI，$           ;等待一个数据字节接收完毕
            CLR      RI             ;接受完毕,清标志 RI,为接收下一个数据字节作
                                     准备
            MOV      A，SBUF         ;接收到的数据字节→A
            MOV      C，P            ;检查奇校验位
            CPL      C
            ANL      A，♯7FH         ;消去奇校验位
            RET                      ;子程序返回
ERROR：MOV   @R0，♯0FFH              ;将出错字符"FF"送指定 RAM 单元
            SJMP     LOOP1
```

4.3 中 断

4.3.1 中断的概念

程序在执行过程中,由于外设的随机状态原因而使正在执行的程序被中间打断,称为"中断"。中断技术的采用,解决了快速的 CPU 和慢速的外设之间的矛盾,可使 CPU 和外设并行操作,大大地提高了 CPU 的工作效率,使 CPU 能及时处理测控系统中各随机参数和信息。例如对处理调节参数的输出,出现故障时的及时处理等。计算机如果没有中断系统将变成简单的顺序控制器。

中断的处理过程是当 CPU 接受中断后将停止现行操作而转向中断服务程序,在执行完中断服务程序后必须返回到中断前继续原操作。所以中断时必须保护断点和现场。

中断处理类似于子程序调用,但它们之间有明显的区别。中断是随机产生的。目的是处理外设中断源的各种事务,而子程序是编写程序中事先安排的,是为主程序服务的。

4.3.2 MCS—51 单片机的中断系统及其管理

MCS—51 有 5 个中断源,两个优先级,可实现两级中断嵌套。CPU 定时采集识别中断源,而中断又是随机的,所以中断源的申请必须记忆,而记忆和管理申请中断的各位称为中断申请标志。能够使中断申请标志置位以及外设产生中断申请的条件,中断后的中断服务程序的入口地址等构成了单片机的中断系统。MCS—51 的中断系统如图 4－11 所示。

中断系统的管理是靠 4 个特殊功能寄存器的相应位来实现的。分别介绍如下。

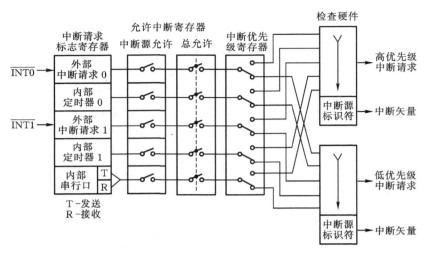

图 4 - 11 中断系统

1. 定时/计数控制寄存器 TCON

为了方便学习,重抄 TCON 的各位定义见表 4 - 5。

表 4 - 5 定时/计数器控制寄存器 TCON 字地址 88H

TF1	TR1	TF0	TR0	IE1	IT1	IE0	IT0
8F	8E	8D	8C	8B	8A	89	88

TFl(TCON.7) 定时器 1 溢出标志。当定时/计数器溢出时,由硬件置位,申请中断。进入中断服务后被硬件自动清除。

TR1(TCON.6) 定时器 1 运行控制位。靠软件置位或清除,置位时,定时/计数器接通工作,清除时停止工作。

TF0(TCON.5) 定时器 0 溢出标志。其功能和操作情况类同于 TFl。

TR0(TCON.4) 定时器 0 运行控制位。其功能和操作情况类同于 TRl。

IEl(TCON.3) 外部沿触发中断 1 请求标志。检测到在 INT 引脚上出现的外部中断信号的下降沿时,由硬件置位,请求中断。进入中断服务后被硬件自动清除。

ITl(TCON.2) 外部中断 1 类型控制位。靠软件来设置或清除,以控制外部中断的触发类型。ITl＝1 时,是下降沿触发,IT1＝0 时,是低电平触发。

IE0(TCON.1) 外部沿触发中断 0 请求标志。其功能和操作情况类同于 IEl。

IT0(TCON.0) 外部中断 0 类型控制位。其功能和操作情况类同于 ITl。

2. 串行口控制寄存器 SCON

为了方便学习,重抄 SCON 的各位定义如表 4 - 6,这里仅有 TI 和 RI 与中断有关。

(MSB)　　表 4 - 6　串行控制寄存器 SCON 字地址 98H　　(LSB)

SM0	SM1	SM2	REN	TB8	RB8	TI	RI
9F	9E	9D	9C	9B	9A	99	98

TI(SCON.1)　发送中断标志。在模式 0 中,在发送完第 8 位数据时,由硬件置位,在其他模式中,在发送停止位之初,由硬件置位。TI＝1 时,申请中断,CPU 响应中断后,发送下一帧数据。在任何模式中,都必须由软件来清除 TI。

RI(SCON.0)　接收中断标志。在模式 0 中,接收第 8 位结束时,由硬件置位。在其他模式中,在接收停止位的中间,由硬件置位。RI＝1,申请中断,要求 CPU 取走数据。但在模式 1 中,SM2＝1 时,若未接收到有效的停止位,则不会对 RI 置位。必须靠软件清除 RI。在系统复位时,SCON 中的所有位都被清除。

3. 中断允许寄存器 IE

中断允许寄存器各位的定义见表 4－7。

(MSB)　　　　　　**表 4－7　IE 允许中断寄存器(字地址 A8H)**　　　(LSB)

EA	×	×	ES	ET1	EX1	ET0	EX0
AF			AC	AB	AA	A9	A8

EA(IE.7)　总允许位。EA＝0,禁止一切中断。EA＝1,则每个中断源是允许还是禁止,分别由各自的允许位确定。

—(IE.6)　保留位,　—(IE.5)　保留位。

ES(IE.4)　　串行口中断允许位。ES＝0,禁止串行口中断。

ET1(IE.3)　定时器 1 中断允许位。ET1＝0,禁止定时器 1 中断。

EX1(IE.2)　外部中断 1 允许位。EX1＝0,禁止外部中断 1。

ET0(IE.1)　定时器 0 中断允许位。ET0＝0,禁止定时器 0 中断。

EX0(IE.0)　外部中断 0 允许位。EX0＝0,禁止外部中断 0。

4. 中断优先级寄存器 IP

MCS—51 的中断分为两个优先级。每个中断源的优先级都可以通过中断优先级寄存器 IP 中的相应位来设定。表 4－8 示出 IP 的各位定义。

(MSB)　　　　　**表 4－8　IP 允许中断优先级寄存器**　　　(LSB)

×	×	×	PS	PT1	PX1	PT0	PX0
			BC	BB	BA	B9	B8

—(IP.7)　保留位,　—(IP.6)　保留位,　—(IP.5)　保留位。

PS(IP.4)　　串行口中断优先级设定位。PS＝1,设定为高优先级。

PT1(IP.3)　定时器 1 中断优先级设定位。PT1＝1,设定为高优先级。

PX1(IP.2)　外部中断 1 优先级设定位。PX1＝1,设定为高优先级。

PT0(IP.1)　定时器 0 中断优先级设定位。PT0＝1,设定为高优先级。

PX0(IP.0)　外部中断 0 优先级设定位。PX0＝1,设定为高优先级。

MCS—51 单片机对中断优先级的处理原则是:不同级的中断源同时申请中断时,先高后低;处理低级中断又收到高级中断请求时,停低转高;处理高级中断却收到低级中断请求时,高不睬低;同一级的中断源同时申请中断时,事先规定。

对于同一优先级,单片机对其中断优先级按从上到下次序安排如下:

中断源　　　　　　　　　　　　　同一级的中断优先级

外部中断 0　　　　　　　　　　　　　最高

定时/计数器 T0 溢出中断

外部中断 1

定时/计数器 T1 溢出中断

串行口中断　　　　　　　　　　　　最低

　　由于优先级不同,在中断过程中,如果正在处理低优先级的中断,又来一个高优先级的中断申请,CPU 将在执行完低优先级中断的当前指令后,停低转高,当执行完高优先级的中断后,程序返回到低优先级中断服务程序的断点处,继续执行低优先级中断,这种情况称为中断嵌套,所以在中断服务程序中的最后一条指令必须是中断返回指令。

　　中断嵌套和子程序嵌套类似,只不过子程序嵌套是根据子程序的需要调用的另一个子程序,该被调用子程序是为调用子程序服务的,不存在优先级问题。

　　综合上述,MCS－51 的中断系统及管理小结如表 4－9 所示。

表 4－9　中断系统及管理

中断开放和禁止		优先权改变		事先规定	申请标志及撤除		入口地址
EX0	＝1 开放	PX0	＝1 优先	$\overline{INT0}$	IE0	硬件撤除	0003H
ET0	＝1 开放	PT0	＝1 优先	T0	TF0	硬件撤除	000BH
EX1	＝1 开放	PX1	＝1 优先	$\overline{INT1}$	IE1	硬件撤除	0013H
ET1	＝1 开放	PT1	＝1 优先	T1	TF1	硬件撤除	001BH
ES	＝1 开放	PS	＝1 优先	串行口	TI&RI	软件撤除	0023H

4.3.3　单片机响应中断的条件及响应过程

1. 响应条件

首先是源有请求,且相应各中断源的 IE 位允许,CPU 的 EA＝1 开中断。

其次是:

①无同级或高一级中断正在服务;

②现行指令执行结束;

③正在执行 RETI 或访问 IE 中断允许、IP 中断优先级的指令时必须把下一条指令也执行完。

2. 响应过程

　　一但响应,置位相应的优先级触发器,屏蔽同级和低一级的中断,中断系统有两个不可编程的优先等级有效"触发器",一个用于指明正进行高优先级的中断服务,以阻止其他的中断请求,另一个是用于指明已进入低优先级的中断服务,阻止除高优先级外的全部其他的中断请求。自动保护断点并硬件清除请求标识(对 RI、TI 需软件清除),转入中断处理入口地址,执行中断服务程序。用户在编制中断服务程序时必须保护现场,然后按要求编写中断处理程序,之后必须有恢复现场和中断返回指令。

当 RETI 指令执行后,自动清除已置位的优先级触发器,自动恢复断点。

4.3.4 外部中断

1. 外部中断的触发方式

外部中断的触发方式分电平和沿触发两种,它们均由 TCON 中的 IT1 和 IT0 决定。

当 ITX=1,外部中断为边沿触发方式,下降沿有效。在这种方式中,如果在 $\overline{INTx}$ 端连续采到一个机器周期的高电平和紧接着一个周期的低电平,则在 TCON 寄存器中的中断申请标志位 IEx 就被置位保存,由 IEx 位向 CPU 申请中断,一但 CPU 响应中断进入中断服务程序后,IEx 会被 CPU 自动撤除。由于外部中断源在每个机器周期被采样一次,所以中断源的高电平或低电平至少保留两个机器周期。这种方式适用于中断源为脉冲性质的场合。

当 ITx=0,外部中断为电平触发方式,低电平有效。例如 $\overline{INT0}$=0 表示对应的外设有请求。CPU 在检测到 $\overline{INT0}$ 上的低电平时置位 IE0,这时尽管 CPU 响应中断时相应的中断标志 IE0 能自动复位,但若外部中断源不能及时撤除它在 $\overline{INT0}$ 引脚上的低电平,就会再次使已经变为“0”的中断标志置位继续执行中断而造成混乱。因此必须使 $\overline{INTx}$ 引脚上的低电平随着中断被 CPU 响应后立即变为高电平,建议采用图 4-12 所示电路实现中断撤除,为此在中断服务程序开头安排一条将 DFF 的 Q 端置“1”的指令。

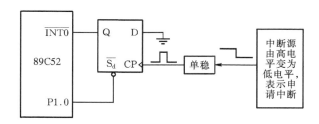

图 4-12 中断撤除方式

```
INT0：ANL  P1,#0FEH
      ORL  P1,#01H
      CLR  IE0
```

这种方式适用于中断源为低电平且在中断服务程序中能清除该中断源的申请信号的情况。所以建议采用沿触发方式,可省去上图的 DFF 和 P1.0,而将单稳输出直接接至 $\overline{INT0}$ 端。将单稳态电路改为手动逻辑开关,该电路也可以实现单步操作。可编制程序如下:

```
          ORG   0000H
          LJMP  MAIN
          ORG   0003H
          LJMP  INT0
MAIN：CLR   IT0
          SETB  EA
          SETB  PX0
          SETB  EX0
```

```
INT0：  CLR     IT0
HERE0：JNB     INT0，HERE0
HERE1：JB      INT0，HERE1
        RETI
```

2. 外部中断的响应时间

从外部中断源申请到 CPU 确认至少需要 1 个机器周期。而 CPU 要保护断点,自动转入中断服务程序又需要两个机器周期,这样说明外部中断的响应时间至少需要 3 个完整机器周期。

若正在执行 RETI 指令,而后又有 MUL 或 DIV 指令,则必须等待约 5 个机器周期。而遇上高级中断正在进行,则要看中断服务程序的长短决定,需要更长时间的等待。一般对于单一中断源的情况,中断响应时间总是在 3～8 个机器周期之间。

4.3.5　中断编程举例

1. 编写中断程序的思路

①不管是用汇编语言还是用 C 语言,在编程中都有许多相同的地方,如要在主程序中编写系统中断源的请求方式、优先级别、开中断等初始化程序,然后等待中断。

②CPU 响应中断后自动保护断点,转入中断处理程序,在中断处理程序中,首先关中断以便保护现场(对电平方式或串行口中断,要清除本次中断请求标志,否则申请不断),然后开中断以备中断嵌套。执行中断处理程序后,必须再关中断以便恢复现场,恢复现场后再开中断以便返回后能继续等待中断,然后中断返回。

③C51 编译器支持在 C 源程序中直接编写中断程序,见第 5 章 Interrupt n 中断函数。

④中断程序编程结构

汇编程序

```
    ORG 0000H   ;
    AJMP MAIN  ;转到主程序
    ORG 0003H
    AJMP INT0   ;转到中处程序
MAIN：……
    SP 初始化
    开中断
    等待中断
INT0：……
    关中断        ;保护现场中不允许中断
    保护现场
    开中断        ;开中断允许中断嵌套
    中处程序
    关中断        ;恢复现场中不允许中断
    恢复现场
    开中断        ;返回后等待中断
```

中断返回

2. 编程实例

　例 1：假如程序正在执行将内存储器 20H 单元内容与 21H 单元内容相乘运算，所得结果依次存于 20H、21H 中（先存低位，再存高位）。在执行程序中产生外部中断 0，中断后，中断服务程序实现将 P1 口的输入值存入 40H 单元中。编程如下：

```
                ORG    0000H
                AJMP  MAIN
                ORG    0003H
                AJMP  INT_0
MAIN：   MOV  SP，♯50H          ;堆栈指针赋值
                SETB EA
                SETB EX0
                MOV  A，20H
                MOV  B，21H
                MUL  AB
                MOV  20H，A           ;计算结果存储
                MOV  21H，B
                ……
INT_0：    CLR   EA
                PUSH PSW                ;保护现场
                PUSH SP
                PUSH A
                PUSH B
                SETB EA
                MOV  A，P1               ;中断服务程序
                MOV  40H，A
                CLR   EA
                POP   B                    ;恢复现场
                POP   A
                POP   SP
                POP   PSW
                SETB EA
                RETI
```

　例 2：当需要接多个中断源时，可通过硬件逻辑引入$\overline{\text{INTx}}$端，同时又连接到某 I/O 口。当任何一个输入端引起中断后，可通过查询的办法识别正在申请的中断源。图 4 - 13 的线路可以实现系统的故障显示，当系统的各部分工作正常时，4 个故障源输入端全为高电平，显示灯全熄灭。只有当某部分出现故障，对应的输入端由高电平变为低电平，从而引起 8031 中断，在中断服务程序中通过查询判定故障地点，并进行相应的灯光显示以告知操作人员去处理，处理完后按复位按钮重新使系统工作。

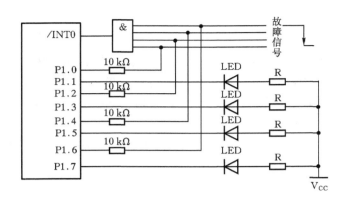

图 4 - 13　利用中断线路显示系统故障

汇编语言程序：

```
        ORG    0000H
        AJMP   MAI              ;转主程序
        ORG    0003H
        AJMP   IO               ;转中断服务程序
MAI：   ORL    P1，＃0FFH        ;显示灯全熄灭
        SETB   IT0              ;INT0 为沿触发中断方式
        SETB   EX0              ;允许 INT0 中断
        SETB   EA               ;CPU 开中断
        SJMP   $
IO：    MOV    A，P1
        JB     P1.0，L1          ;中断服务程序
        CLR    P1.1             ;查询中断源,P1.0 为 0 转 L1,P1.0
L1：    JB     P1.2，L2
        CLR    P1.3
L2：    JB     P1.4，L3
        CLR    P1.5
L3：    JB     P1.6，L4
        CLR    P1.7
L4：    RETI
```

例 3：利用定时/计数器 T0 端作为外部中断源输入扩展的程序设计。编程要点是 TMOD 设置为计数工作模式,加 1 计数器初始值设定为 0FFH,外部只要有一个脉冲输入,加 1 计数器便溢出并申请中断。中断后将累加器 A 中的内容减 1 然后送到 P1 口输出。

汇编语言程序：

```
        ORG    0000H            ;用户程序首址
        AJMP   MA               ;转主程序
        ORG    000BH
```

```
              AJMP  L0                ;转中断服务程序
MA：          MOV   SP，♯53H          ;给栈指针赋初值
              MOV   TMOD，♯06H        ;T0 方式 2、计数
              MOV   TL0，♯0FFH        ;送初值,来一个负脉冲,T0 申请中断
              MOV   TH0，♯0FFH
              SETB  TR0               ;启动 T0 计数
              SETB  ET0               ;允许 T0 中断
              SETB  EA                ;CPU 开中断
              SJMP  $                 ;等待
L0：          DEC   A                 ;T0 中处程序
              MOV   P1，A             ;A 内容减 1 送 P1 口
              RETI
```

本章小结

1. 定时/计数器

（1）定时/计数器是单片机内部非常重要的部件,它可以通过编程使之作为定时器或计数器使用。当用作定时器使用,内部计数器的时钟为晶振的 12 分频,由于晶振的振荡周期固定,故此可以作为程序控制下的定时使用;当用作计数器使用时,内部加计数器的输入为外部事件,通过 Tx 输入一个脉冲（代表事件变化）,如果 Tx 输入的脉冲也是已知的周期信号,也可以作为定时输出。

（2）由于在 MCS—51 中,定时/计数器核心是加 1 计数器,在计数溢出时向 CPU 申请中断,所以装入计数器的初值为 2^n-x,x 为实际计数值（对模式 0：$n=13$;模式 1：$n=16$,模式 2 和模式 3,$n=8$）。当定时/计数器工作在定时方式时,定时与晶振频率有关。

例如：当晶振为 12MHz 时,一个机器周期 $T_p=12/$晶振频率 $=1\mu s$,定时时间 T_c 为：$T_c=x\cdot T_p$ 所以,装入初值为 $2^n-x=2^n-T_c/T_p$,而 $f_{osc}/12[2^n-x]$ 也称为定时器的溢出率。

（3）定时/计数器常用来实现定时和控制、延时控制;周期、脉宽、和相位差的测量（上升沿开始计数,下降沿申请中断,读出定时计数值）;扩展外部中断（计数,模式 2,初值=0FFH）;信号发生（模式 2 的使用常用于串行通信中的波特率发生器,此时应不允许 T 产生中断申请）和检测等场合。

（4）在使用定时/计数器时必须先对它进行初始化操作,其步骤如下：

把工作方式控制字写入 TMOD 寄存器中;

把定时或计数初值装入 TLx、THx 寄存器中;

置位 ETx 允许定时/计数器中断;

置位 EA 使 CPU 开放中断;

置位 TRx 以启动计数。

2. 串行通信口

（1）了解串行通信概念,并行与串行、同步与异步、数据传送速率与波特率的定义,单工、半双工、双工方式和多机串行通信概念。

（2）看懂 MCS－51 单片机的串行接口的控制寄存器 SCON 和电源控制寄存器 PCON 中 SMOD 的含义。

（3）串行接口的四种工作方式：

方式 0　移位寄存器方式，固定波特率 $f_{osc}/12$；一帧为 8 位；

方式 2　当 SMOD＝0 时，固定波特率为 $f_{osc}/64$；一帧为 9 位；

　　　　当 SMOD＝1 时，固定波特率为 $f_{osc}/32$；一帧为 9 位；

方式 1、3 中，波特率为可编程的。方式 1 一帧为 8 位，方式 3 一帧为 9 位。

（4）串行口的波特率选择：常选 $f_{osc}＝11.059\ 2MHz$，其优点是能容易获得标准波特率，常用定时/计数器 T1 在工作模式 2 作为串行口波特率发生器，常用的标准波特率和 TH1 初值的关系，用户只需按所选定的波特率在初始化时查表确定 TH1 的初值。

（5）串行口的初始化：

SCON 串行控制寄存器（工作状态控制字）的初始化。

对 PCON 寄存器送控制字，实际上仅对 D_7 位 SMOD 控制位选择 1 或 0。

串行口用中断方式接收/发送数据时，串行口和 CPU 开中断。对 IE 寄存器送中断控制字或置位相应的控制位。

（6）发送过程：启动发送时用 MOV SBUF，A 指令；发送完后，自动置 TI＝1，申请中断；中断后软件清零。

接收过程：置 REN＝1 允许接收，CLR RI 指令后立即开始接收，接收完一帧后，自动置 RI＝1，申请中断；中断后软件清零。

3. 中　断

（1）中断的概念，中断服务程序与子程序调用的区别。

（2）掌握中断系统的管理，中断源、响应后中断矢量（中断服务程序入口地址）、中断级别排序。

（3）能看懂中断管理相关的 TCON 锁存的中断源、SCON 锁存的中断源、IE 中断允许寄存器和 IP 中断优先权寄存器，会使用它们写出相应的初始化程序。

（4）熟悉中断响应条件和响应过程，通过书中最简单实例分析学会中断程序的编写。

习　题

1.51 系列单片机的定时/计数器 0 有＿＿＿＿＿＿＿种工作模式，串行通信口工作方式有＿＿＿＿＿＿＿种，TMOD 是定时/计数器 0 和 1 的模式寄存器，对该寄存器的各个位的访问使用＿＿＿＿＿＿＿寻址方式。IE 是中断控制寄存器，对该寄存器可使用＿＿＿＿＿＿＿寻址方式。

2. TCON 是定时/计数器的控制寄存器，对该寄存器可以使用＿＿＿＿＿＿＿寻址方式。

3.51 系列单片机有＿＿＿＿＿＿＿个中断源，有＿＿＿＿＿＿＿个中断优先级。中断矢量（即入口地址）分别是＿＿＿＿＿＿＿、＿＿＿＿＿＿＿、＿＿＿＿＿＿＿、＿＿＿＿＿＿＿和＿＿＿＿＿＿＿。

4.51 系列单片机外部中断有 $\overline{INT0}$ 和 $\overline{INT1}$，它们有＿＿＿＿＿＿＿种触发方式。电复位后，$\overline{INT0}$ 和 $\overline{INT1}$ 自动处于＿＿＿＿＿＿＿触发方式。

5.51 系列单片机的外部中断为电平触发方式时，其中断源信号的低电平应大于＿＿＿＿＿＿＿个机器周期，小于＿＿＿＿＿＿＿个机器周期。

6. 中断总控制位 EA 控制所有的中断源,当 EA 使能时,只有处于＿＿＿＿＿＿＿＿状态的中断源可以向单片机申请中断服务。

7. 51 系列单片机上电复位后,中断总控制位 EA 处于＿＿＿＿＿＿＿＿状态。5 个中断源的优先次序是＿＿＿＿＿＿＿＿、＿＿＿＿＿＿＿＿、＿＿＿＿＿＿＿＿、＿＿＿＿＿＿＿＿和＿＿＿＿＿＿＿＿。

8. 51 系列单片机中,处于高优先级的中断源可以中断＿＿＿＿＿＿＿＿的中断服务。处于低优先级的中断服务程序被高优先级的中断嵌套后,程序转去执行高优先级的中断服务程序,返回后继续执行＿＿＿＿＿＿＿＿中断服务程序。

9. IE0 是外部中断 INT0 的中断申请标志,进入外部中断服务子程序后,CPU 将＿＿＿＿＿＿＿＿
＿＿＿＿＿＿＿＿清除该标志。

10. TF0 是定时/计数器 0 的中断申请标志,进入定时/计数器 0 的中断服务子程序后,CPU 将＿＿＿＿＿＿＿＿清除该标志。

11. TI 是串行口发送数据完成的中断申请标志,进入串行口的中断服务子程序后,CPU 将＿＿＿＿＿＿＿＿清除该标志。RI 是串行口接收数据就绪的中断申请标志,进入串行口的中断服务子程序后,CPU 将＿＿＿＿＿＿＿＿清除该标志。

12. 如果将外部中断 INT1 和串行中断均设置为高优先级,那么在高优先级中＿＿＿＿＿＿＿＿的优先级高于＿＿＿＿＿＿＿＿。根据假设,5 个中断源的优先次序是＿＿＿＿＿＿＿＿、＿＿＿＿＿＿＿＿、＿＿＿＿＿＿＿＿、＿＿＿＿＿＿＿＿和＿＿＿＿＿＿＿＿。

13. 设某 MCS—51 单片机系统的晶振频率为 11.0592MHz,采用 T1 定时/计数器的模式 2 编写出用于串行通信的标准波特率为 9600b/s 的程序片断。

14. 设某 MCS—51 单片机系统的晶振频率为 6MHz,采用 T0 定时/计数器的模式 1 编写出产生 20ms 的延时的程序片断。

15. 编写出 MCS—51 单片机的方式 1 串口接收程序,不考虑奇偶位。

设 $f_{osc} = 11.059\ 2MHz$,波特率选择标准的 2400b/s,接收到数据存放到首地址为 50H 单元的内 RAM 区。假设接收数据长度规定是 8 个字节。

第 5 章　单片机 C51 程序设计基础

C 语言是一种通用的计算程序设计语言,它既具有高级语言的特性,又能直接对系统硬件操作。将 C 语言程序移植到 8051 系列单片机中,必须通过 C51 编译器将原程序编译成可执行的目标代码,然后植入单片机程序存储器中才能运行。

目前推出的单片机开发系统中都配置了 C 语言编译器,它们都必须符合 ANSI 标准,其主要部分都是一致的,仅在非 ANSI.C 的扩展部分有所不同,但无论学会哪种编译器的使用,都可方便地掌握不同公司开发的 C51 软件。

常用的 8051 单片机 C 语言编译器有 KeilC51 和 FranklinC51 等,它们的共同特点是集编辑、编译和仿真为一体,支持 PLM 语言和 C 语言的程序设计。

尽管使用 C51 程序设计是单片机系统程序设计的必然趋势,但熟悉汇编语言程序设计不仅对单片机系统的硬件学习有益,而且可以更好地理解 C 语言。另外对一些实时控制要求高的场合,常用汇编语言写部分精炼的程序片断,编译后嵌入到 C 语言中。

5.1　C51 程序的结构

C51 程序和一般的 C 程序的结构相同。这里用一个比较简单的 C51 程序举例说明,从而可以看出它的基本结构。例如,有三个变量 a、b、c,当输入 a 和 b 值后,比较 a 和 b 的大小,然后把其中的大值赋值于 c,并输出。所编写的程序如下:

```
# include <stdio. h>              / * 包含头文件 stdio. h * /
# include <reg51. h>              / * 包含头文件 reg51. h * /
void main()                       / * 主函数 * /
{                                 / * 主函数开始 * /
  int a,b,c;                      / * 声明变量为整形 * /
  int max(int x,int y);           / * 功能函数 max 及形参声明 * /
  SCON = 0x52;                    / * 8051 串行口控制字设定 * /
  TMOD = 0x20;                    / * 8051 定时器工作方式字设定 * /
  TH1 = 0xf4;                     / * 送时间常数到定时器 1 * /
  TL1 = 0xf4;
  TR1 = 1;                        / * 启动定时器 1 * /
  printf("Please enter a and b\n");   / * 输出显示 * /
  scanf(%d,%d,&a,&b);             / * 输入 a 和 b 的值 * /
  c = max(a,b);                   / * 调用 max 函数 * /
  printf("max = %d",c);           / * 输出 c 值 * /
```

```
    }                                    /* 主函数结束 */

    int max(int x,int y)                 /* 定义 max 函数及形参声明 */
    {                                    /* max 函数体开始 */
      int z;                             /* z 为整形 */
      if(x>y)
        z = x;
      else
        z = y;
      return (z);                        /* 将 z 值通过 max 函数带回原调用处 */
    }                                    /* max 函数结束 */
```

下面对本例进行说明,通过它可以对 C51 程序的一般结构有所了解。

①程序的开始使用了两个预处理命令♯include<>:头文件 stdio. h(包含标准输入、输出函数的声明)和 reg51. h(包含 8051 单片机的特殊功能寄存器及可位寻址的定义说明)。

②C 程序是由函数组成的,函数是 C 语言的基本模块单元,而函数一般由系统提供,也可以自定义。一个 C 程序的执行总是从 main()函数开始,该函数称为主函数。

③第四行花括号"{"表示主函数开始。在函数体中首先必须声明变量类型(如第五行)。对被调用的函数必须采用先声明后调用的顺序,例如第六行的语句就是先声明自定义的功能函数及形参。

④由于 C 语言中没有输入输出语句,也就是说输入输出操作是通过调用库函数 scanf()和 printf()函数完成的,所以在预处理命令中,将 stdio. h 包含。同时为了适合在 8051 单片机上实现,又将 reg51. h 包含,这样库函数 scanf()和 printf()就可通过对 8051 单片机的串口设置实现输入输出了。见例第 7、8、9、10、11、12 行。

也可将 7、8、9、10 行改写成如下形式:

♯include ＜reg51. h＞

♯include ＜stdio. h＞

/* serial_initial()函数:在此定义,只要将此文件放在工程文件中,后续的程序设计中仅作声明而不必重复写 7—10 句 */

```
void serial_initial(void)
{
  SCON = 0x52;
  TMOD = 0x20;
  TH1 = 0xf4;
  TL1 = 0xf4;
  TR1 = 1;
}
```

⑤C 程序一般应由一个主函数和若干个被调用函数或自定义功能函数组成。本例仅有一个功能函数 max(),第 13 行语句是调用 max()函数。

⑥第 16 行到最后一行是用户自定义的功能函数 max。当执行到 return(z),将值返回到

被调处。执行第 14 行输出结果,主函数结束。

⑦另外在 C 语言中,大写字母和小写字母代表不同的变量,一般用小写字母代表变量,而对一些具有特殊意义的变量或常量采用大写字母,如 PI(3.1415…)和 8051 单片机中的特殊寄存器,如 SCON、TMOD 等。

⑧在 C 程序中,注释用/ * …… * /隔开,/ * …… * /不能嵌套,但可以换行写。注释在编译时不会产生执行代码。

这里要注意,“/ * …… * /”必须成对使用,因为在它们之间的任何内容都被认为是注释,如果在修改程序时删掉一个“ * /”,程序就会乱套。KeilC51 也支持C＋＋用“//”引导的注释,它只对本行有效。二者比较使用后者更好。但早期的 FranklinC 以及 PC 机上都不支持后者的注释。

⑨一个函数由两部分组成,即首部和函数体。在本例中 main()主函数名就是首部,而 max 函数的首部为:

int　　　　　max　　　(int　　　　x,　　　　int　　　　y)
函数类型　　名称　　参数类型　　参数名　　参数类型　　参数名
而函数体即为花括号{...}中的部分,它通常包括两个部分:

声明部分,如:int a,b,c 等;

执行部分,如:c ＝ max(a,b)等;
空函数 dump(){ ;}也是合法语句,表示什么也不做,相当于汇编的 nop 指令。

⑩函数体中的语句间必须用分号“;”隔开,但书写格式自由,即可在一行内书写若干个语句,因为 C 语言没有行号。

5.2　预处理命令

在 C 程序最前面的预处理命令是用来将用户在 C51 程序设计中所用的函数(即 Keil C51 编译器能够识别的函数)和所用的硬件系统相配合。例如由于程序中用到 printf()和 scanf()输出和输入函数,因此要加＃ include<stdio. h>。

而 Keil C51 是通过 8051 系列单片机的串行口实现输出和输入调用的,因此要加预处理命令＃ include<reg51. h>,以对串口和定时器 1(产生波特率)进行初始化处理。

在 C51 中预处理命令是程序中不可缺少的,但严格来说不是 C 程序的一部分,书写时每行仅能写一个预处理命令。如前所述,编译器首先对预处理命令进行前期处理,然后将处理结果和用户程序一起编译,即对加工过的源程序进行语法检查、语义处理和优化等,最后产生目标程序。

C 语言中共有 3 种编译预处理命令,即宏定义、文件包含和条件编译。

5.2.1　宏定义

1. 不带参数的宏定义

格式为:

＃define　标识符　常量及其表达式或字符串

格式中:标识符就是定义的宏名,常用大写字母表示,以区别其他常量名。当然也可以用小写,其中符号"♯"开头表示与一般 C 语言之区别。

♯define 写在源程序的开头部分,作用区间是整个文件范围,若再使用 ♯ undef 命令可终止宏定义的作用域。

例如:♯define　PI　3.1415926

其作用是用宏名 PI 代替字符串(常量)3.1415926,在编译时,凡出现的 PI 均用3.1415926替代,而替代的过程称为宏展开。

例如:♯ define array-size 1000

　　　　int array[array-size]

先指定 array-size 代表常量 1000,所以数组 array 大小为 1000,如果要改动数组大小为500,只须改为 ♯define　array-size　500 就行了。

宏定义不是 C 语句,所以结束时不加分号。

同时对程序中用双引号"　"括起来的字符串中的字符,即使与宏名相同的也不会被替换。仅是替换双引号外的宏名,见下例中第 7 行。

宏定义是专门用于预处理命令的一个专用名词。它与定义变量不同,只作字符替换,不占用内存空间。

例如:

　　　♯ include＜stdio. h＞
　　　♯ define　PI　3.1415926　　　　　/ * 宏定义 PI * /
　　　♯ define　R　3.0　　　　　　　/ * 宏定义 R * /
　　　♯ define　L　2 * PI * R　　　　/ * 宏定义 L * /
　　main( )
　　{
　　printf("L＝%f\n",L);　　　/ * 编译时替换后一个 L,字符串中的 L 不会被替换 * /
　　}
　　　♯ undef　PI　　　　　　　　　　/ * 撤销宏定义 * /

经宏展开后
printf("L＝%f\n",2 * 3.1415926 * 3.0);

采用宏定义可以使人们对程序中常数的意义一目了然,当需要修改程序中的某个常数时,只需修改相应的符号常量即可。

2. 带参数的宏定义

在进行字符串替换的同时,还要进行参数的替换,一般格式为:

如:♯define 宏名(参数表)　字符串

　　♯define　S(a,b)　a * b

　　area＝S(3,2);

宏定义了矩形面积 S,边长 a 和 b,当宏展开时,分别用 3 和 2 赋值给宏定义中的 a 和 b,即用 3 * 2 代替 S(3,2)语句,使语句 area＝S(3,2)展开为 area＝3 * 2。整个替换过程见图 5 - 1。

注:带参数的宏定义与函数的区别在于:带参数的宏定义仅进行简单的字符替换,在编译

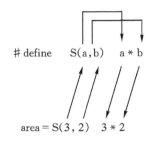

图 5 - 1

展开时不占用内存,也没返回值的概念。宏替换不占用运行时间,只占用编译时间。

　　一般用宏来代表简短的表达式。在某些情况下用宏和函数都可以。

　　例如:#define　MAX(x,y)　(x)>(y)? (x):(y)

　　　　main( )

　　　　{ int a,b,c,d,t;

　　　　 ……

　　　　 t=MAX(a+b,c+d);

　　　　}

展开后为:t=(a+b)>(c+d)? (a+b):(c+d)

注:这里 MAX 不是函数,是代表带参数的宏定义。

下面是用 max( )函数实现

　　　　int max(int x,int y)

　　　　{ return(x>y? x:y);

　　　　}

　　　　main( )

　　　　{ int a,b,c,d,t;

　　　　 ……

　　　　 t=max(a+b,c+d);

　　　　 ……

　　　　}

5.2.2　文件包含

指一个源文件可把另一个源文件的内容全部包含进来。标准格式:

include<文件名>　(一般来说,库函数的调用使用<文件名>表示)

或 # include"文件名. h"　(含自己在本文件编写的文件使用"文件名. h")。

　　例如:在 C51 中,如果程序要用到输入输出类型库函数 scanf( )时就必须在程序开始部分加入文件包含命令 # include<stdio. h>;

　　要用到数学处理类库函数时应加入 # include<math. h>;

　　使用字符串库函数时应加入 # include<string. h>;

　　需对 8051 中的 SFR 块位寻址区定义时应加入 #include<reg51. h>;

绝对地址访问应加入♯include ＜absacc. h＞；

另外，一个♯include 命令只能指定一个被包含文件。

5. 2. 3　条件编译

有时希望对其中一部分内容在满足一定条件下才进行编译，就要用到条件编译。

例如：♯ifdef　标识符

　　　　程序段 1

　　　　♯else

　　　　程序段 2

　　　　♯endif

该段程序说明：当所指定的标识符已经被 ♯define 命令定义过，应对程序段 1 进行编译。否则编译程序段 2，其中程序段 2 可以没有，即：

　　　　♯ifdef

　　　　程序段 1

　　　　♯endif

这里程序段可以是语句组，也可以是命令行。为了增加程序的通用性，常使用条件编译来解决同一源程序在不同 CPU 上的编译问题。

例如：8051 工作频率为 6MHz，而 8052 工作频率为 12MHz。通用编程可以用以下格式：

　　　　♯ifdef　　CPU＝8051

　　　　♯define　　FREQ 6

　　　　♯else

　　　　♯define　　FREQ 12

　　　　♯endif

该段程序说明：当所指定的标识符 CPU＝8051 已经被 ♯define 命令定义过，应对程序段 1 即 FREQ 6 进行编译。否则编译程序段 2 即 FREQ 12。

若条件编译写成以下格式：

　　　　♯ifndef　标识符

　　　　程序段 1

　　　　♯else

　　　　程序段 2

　　　　♯endif

该段程序说明：当所指定的标识符已经被 ♯define 命令定义过，应对程序段 2 进行编译。否则编译程序段 1。

例如：♯ifndef

　　　　♯define　　FREQ 6

　　　　♯else

　　　　♯define　　FREQ 12

　　　　♯endif

和上例作用正好相反。

5.3 数据类型、运算符与表达式

5.3.1 数据类型、常量与符号常量

1. 数据类型

算法处理的对象是数据,数据的组织形式称为数据结构,而 C 语言的数据结构又是以数据类型的形式出现的。数据类型可以构成更为复杂的数据结构,数据类型决定了数据在计算机中的存储情况,所以在程序中所有使用的数据都必须指定它的数据类型。一般在单片机系统设计中,常用的数据类型如图 5－2 所示。

本节仅对基本数据类型和指针类型进行重点介绍,对复杂的数据结构,例如利用指针和结构体类型构成的表、树、栈等将不做过多介绍。另外在 8051 单片机中,浮点型运算也用的比较少。

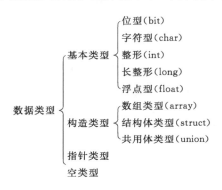

```
                              ┌─ 位型(bit)
                              │  字符型(char)
                   ┌─ 基本类型 ┤  整形(int)
                   │          │  长整形(long)
                   │          └─ 浮点型(float)
数据类型 ┤         │          ┌─ 数组类型(array)
                   ├─ 构造类型 ┤  结构体类型(struct)
                   │          └─ 共用体类型(union)
                   ├─ 指针类型
                   └─ 空类型
```

图 5－2 常用的数据类型

（1）字符型（char）

字符型 char 又分为带符号的（signed）char 和不带符号的（unsigned）char,默认值为 signed char,（signed）可以省去不写,今后凡用到带符号的字符型数据最好直接使用 char 即可。

char 型的数据长度为一个字节（8 位二进制）,其中符号位为 1 个 bit,若为正,符号位取 0,若为负,符号位取 1。数值范围是－128—127;而 unsigned char 为 0—255。

（2）整形（int）

对整形（int）的描述类同于 char 类型,它占用两个字节,存入存储器时按先存储高 8 位,后存储低 8 位的次序。默认值为［signed］int,一般只写 int 而省去［signed］;int 的数值范围是:－32768—32767。unsigned int 的数值范围是:0—65535。

（3）长整形（long）

长整形（long）与整形（int）区别在于它占用存储空间 4 个字节,其数值范围 long 为－2147483648—2147483647,而 unsigned long 为 0—4294967295。

（4）浮点型（float）

浮点型（float）是用来描述实型数据的一种方法,它又可分为以下三种类型:

单精度（float）型,占用存储空间 4 个字节,数值范围为（－3.4E－38）—3.4E＋38;

双精度（double）型,占用存储空间 8 个字节,数据范围为（－1.7E－308）—1.7E＋308;

长双精度(long double)型,占用存储空间 16 个字节,数值范围为(-1.2E-4932)—1.2E+4932。

(5)指针型([type] *)

其中 type 可代表以上所述的 4 种类型。在 C 语言中,变量名给出的实际上是一个地址号,而变量值是存放在变量名所指定的地址中,该变量又称为变量指针,指令通过变量名(变量指针)寻址,从该地址中取出变量的值。

当变量名给出的不是变量值的存放地址,而是另一个地址时,这个地址的单元中存放的才是真正的变量值。这样在执行指令时,先从变量名寻址到变量指针(地址),再从变量指针指向的单元中取出变量值,这个变量名称为指针变量。

例如:int * pointer

2. Keil51 编译器扩充的数据类型

表 5-1 列出了 Keil51 编译器所能识别的数据类型。

表 5-1　Keil51 所能识别的数据类型

数据类型	存储长度	取值范围
unsigned char	单字节	0—255
char	单字节	-128—127
unsigned int	双字节	0—65535
int	双字节	-32768—32767
unsigned long	4 字节	0—4294967295
long	4 字节	-2147483648—2147483647
float	4 字节	-3.4E-38—3.4E+38
*(指针型)	1~3 字节	对象地址
bit	位	1 或 0
sfr	单字节	0—255
sfr16	双字节	0—65535
sbit	位	1 或 0

①位标量(bit)。仅占用 1 个 bit(位),用来定义已寻址的位是 1 还是 0,但不能定义指针和数组。使用禁止中断和明确指定使用工作寄存器组(unsing n)的函数,不能返回 bit 型数据。

②8 位特殊功能寄存器(sfr)。占用一个单元,取值范围是 0—255;字节寻址方式。

③16 位特殊功能寄存器(sfr16)。它占用两个内存单元,取值范围为 0—65535。

④可位寻址位(sbit)。作用范围是 8051 单片机内部 RAM 中可位寻址的位或特殊寄存器中的可寻址位。

在 C 语言中的表达式或变量赋值混合运算中,应符合类型相同的原则。C 语言允许任何标准数据类型之间的隐式转换,即按照优先级别自动转换。

优先级别的顺序为:

低级别　　bit→char→int→long→float　　高级别

低级别　　signed→unsigned　　　　　　　高级别

一般来说由低向高转换，一个低级别类型的数据和一个高级别类型的数据同时参加运算时，必须先将低级别的数据转换为与高级别数据相同的类型，才进行运算。例如，一个 char 型变量赋值给一个 long 型变量时，直接自动将 char 型转换为 long 型变量值，并完成赋值运算。

3. 常量与符号常量

（1）常量

常量是在程序运行过程中不能够改变其值的量。如整形常量－1、1、7 和实型常量 4.5、－4.5。而符号常量在程序中必须先用 ♯ define 命令定义，如：♯ define A 20。此后凡出现"A"就被 20 所代替，符号常量常用大写字母定义。如 PI。使用符号常量的好处是，含义清楚，尤其是当 51 中的外设芯片地址是固定值时，定义后方便记忆。另外，当常数地址改变时，在全程序范围内很容易一次完成修改。

（2）常量的数据类型

①整形常量。整形常量即整形常数，有以下几种表示方法：

十进制整数，如：20、06、－34、56、0 等；

十六进制整数，以 0x 打头，如：0x1a、0xf0 等。

②实型常量的表示。定点长整形表示形式，如：2048L、0xff00L 等，在 51 单片机中常用定点数表示。

浮点指数表示形式，如：1.230E2 表示 1.230×10^2。

在 C 语言中规定：在 e(E) 之前必须是数字，之后必须是整数，前后不能有空格。

实型常量实际上就是浮点型常量。十进制的表示实际上是一种定小数点的表示方法，标准的浮点型常用指数形式表示。因 51 单片机是 8 位机，所以尽量不使用浮点数。

③字符型常量。在 C 语言中的字符型常量是用单引号括起来的一个字符，但 0、n、r 等都是不可显示的控制字符。常见的是在字符前面加一个反斜杠"\"，组成专用转义字符，用来完成一些特殊功能和输出时的格式控制。常用的转义字符见表5－2。

表 5－2　常用的转义字符表

转义字符	含义	ASCII 码
\0	空字符（NULL）	00H
\n	换行符（LF）	0AH
\r	回车符（CR）	0DH
\t	水平制表符（HT）	09H
\b	退格符（BS）	08H
\f	换页符（FF）	0CH
\'	单引号	27H
\"	双引号	22H
\\	反斜杠	5CH

④字符串常量。字符串常量由"　"双引号内的字符组成,例如"please enter"、"CHINA",双引号中的字符不管大写或小写将会按原样输出,尾部自动加上了转义符\0 作为该字符串常量的结束符,一般也常加上 \n 回车换行。

⑤位标量。位标量用关键字 bit 定义,一个函数中可以包含 bit 类型参数,函数的返回值也可以是 bit 型。例:static bit direction_bit　　/ * 定义一个静态位标量 direction_bit * /。

5.3.2　变量及其存储空间

在使用变量之前,必须先对变量进行定义,以便指出该变量的数据类型和存储模式。这样就可在编译时给它们分配存储空间。

在汇编语言中,必须先定义变量名,后既要指出变量存放的地址,又要指出变量的数据值。而在 C 语言中,只给变量名和数据赋值,而地址分配由 C 语言编译器决定。

常量数据在程序运行中数据值不能改变,而变量在程序运行中可以通过赋值语句改变其运行值,为编程提供了方便。

1. 局部变量与全局变量

从作用域的角度看,变量可分为局部变量与全局变量。局部变量的作用域仅在函数体中,不同函数可以使用相同的变量名而代表不同的对象,相互不干扰;而全局变量的作用域是程序的开始到源文件的结束,是在函数外定义的变量。当全局变量与局部变量同名时,局部变量优先。

2. 动态存储与静态存储

从存储时间角度看,可分为动态存储与静态存储。动态存储在程序运行中根据需要动态分配存储空间,而静态存储是系统在编译中分配固定存储空间。

3. 变量定义的格式

C 语言中,对变量定义的格式如下:

［存储种类］　数据类型　［存储器类型］　变量名

其中方括号中的内容为选项,数据类型和存储种类属性都声明了变量的作用域和生命期。变量存储种类选项有四种:自动(auto)、静态(static)、外部(extern)和寄存器(register)。若在定义中省略该项,编译器默认为自动(auto)。如:int c;等价于 auto int c;。

自动(auto)变量的作用域仅局限于某函数内部的局部变量,只有当函数被调用时,系统才动态地分配存储空间,函数返回时消失,所以每调用一次就会赋一次值,属于局部和动态方式。初学者尽量多使用自动变量。

静态(static)变量可以用来定义全局变量和声明函数中的局部变量,声明后的函数调用后,保留原值而不消失,占用的存储空间也不释放,所以在编译时,仅赋一次值,调用完后将值(结果)保存以备再次使用,所以变量的值是不变化的,作用域是整个程序。

寄存器变量(register)是将频繁用到的变量直接存储到 CPU 的寄存器中,使用起来比存放在内存中更简捷。在实际使用中,由于优化编译系统能识别使用频繁的变量而自动将这些变量存入 CPU 的寄存器中,而不要设计者再定制,也不需要对 register 变量再作声明,属于局部和动态方式。

外部(extern)变量用来定义全局变量或在程序移植时用来声明外部变量。作用域是从定义处开始到本文件结束。

5.3.3　Keil51 能识别的存储器类型

80C51 单片机中的存储器按照物理空间可分为片内外程序存储器和片内外数据存储器，而片内数据存储器又分为高 128 字节的 SFR 区和低 128 字节数据存储区，另外低 128 字节区有位地址空间和工作寄存器区。Keil51 引入了一些关键字，见表 5-3，它能识别[存储器类型]，从而可使变量能准确地存储到单片机 8051 的存储器中。

表 5-3　Keil51 能识别存储器的类型表

存储器类型	说明	*类型的编码
data	直接寻址内部数据存储器（128 字节）	4
bdata	可寻址片内数据存储器，允许位和字节混合访问	
idata	间接寻址内部数据存储器 256 字节	1
pdata	分页访问外数据存储器 256 字节，用 MOVX @ Ri 指令访问	3
xdata	外 64K 数据存储器，用 MOVX @ DPTR 指令访问	2
code	程序存储器（64K），用 MOVC @ A＋DPTR 指令访问	5

1. 内部数据存储器寻址

对于 80C51 单片机系列，内部数据存储器只有低字节 128 字节，而对于 52 系列则有 256 字节，为了区分同一地址区从 0x80—0xFF 范围内的数据区和特殊功能寄存器区的地址重叠问题，规定在这个区域，对数据区只能用间接寻址方式，对于特殊功能寄存器区，只能用直接寻址方式。

在低 128 字节的数据区中，又分为位寻址区 0x20—0x2F，为了区分上述三种寻址方式，C51 引入了关键字：idata、data 和 bdata。

在有 ♯include＜reg51. h＞头文件包含的条件下，就可通过关键字定义变量存储的位置。

例如 ♯include＜reg51. h＞

```
void main()
{
unsigned   int data i[10];
……
```

上述程序表明定义了一个整形的 i 数组，它共占用了 20 个字节的空间。注意，当数组长度大到包括编译器连接所占用的总和时，编译无法通过，遇到这种情况，可在 Keil51 编译环境上进行参数修改。

例如定义：unsigned bdata int i[5]

由于该存储区可位寻址，编译器总是将其变量放在从 0x20 开始的地址空间，同上，如果考虑位和字节寻址范围，如出现超限，也将会产生编译错误。

例如定义：unsigned idata int i[10]，如果寻址范围要扩大到 0—255 个字节，就必须使用80C52 单片机，同样在定义时，如出现超限，也将会产生编译错误。

2. 外部数据存储器寻址

外部数据地址空间包含了 I/O 口的地址,寻址范围可达 0—64K,使用 MOVX 指令寻址,配合读写信号完成读写操作。C51 提供了两个关键字,pdata 和 xdata,其中 pdata 用于一页内只有 256 个字节的情况,使用时必须先确定 P2 口的地址,即指定高 8 位页面地址,然后通过 P0 口发出的地址数据在 ALE 的控制下经 573 锁存后表示的低 8 位寻址,也可用 MOVX @Ri 访问。

例如:unsigned pdata int i[5]

该语句定义了在固定页面下由低 8 位地址寻址,其地址的起始总是从 00H 开始。而 xdata 关键字定义了 0x0000—0xFFFF RAM 的绝对寻址空间,定义总是从 0x0000 开始,如果所用的硬件外部 RAM 并不是从 0x0000 开始,那么就应修改相应的偏移量。

3. 程序存储器的寻址

在 C51 中,使用关键字 code 表明存储在 0—64K 程序存储器中的数据。因为程序存储器中数据具有在程序运行中只读不写的特点,所以它除了存储程序代码外,还常用于存放表格或字型码等不需要在程序运行中修改的数据。

4. 默认的存储器类型选项

如果省略存储器类型选项,则按照规定,在默认的存储区域内,有以下三种类型。

①SMALL　变量存放在内部数据存储器中(默认为 data)。

②COMPACT　变量存放在外部数据存储器中。按分页面的 0—255 范围内采用 MOVX @Ri 寄存器间址方式寻址。因此采用这种方式编程时,变量的高 8 位由 P2 口确定,为了确保 P2 口保持高 8 位地址,必须改变启动程序 STARTUP.A51 中的参数:PDATASTART 和 PDA_TALEN;用 Keil51 进行连接时,必须采用连接控制命令 pdata 来对 P2 口地址进行定位。

③LARGE　变量存放在外部数据存储器区 0—64K 字节(默认为 xdata)。这里必须指出,变量的存储种类与存储器类型是完全无关的。

例如:static unsigned char data x;　/ *内 RAM 中定义一个静态无符号字符型变量 x * /

　　　　int　y;　　　　　　　　　/ *定义一个自动整形变量 y,存储器类型由编译模式确定 * /

5.3.4　8051 特殊功能寄存器及其 C51 定义

为了能直接访问 8051 单片机特殊功能寄存器和可位寻址寄存器,除了使用 bdata 可对内部 RAM 中 16 个字节的位、字节混合访问和使用 idata 间接对内部 RAM 中 256 个字节访问外,在 C51 中还扩充了一些关键字,可直接对 8051 内部寄存器进行定义,分别介绍如下。

1. 扩充关键字 sfr 和 sfr16 定义特殊功能寄存器

格式如下:

sfr　特殊功能寄存器 = 地址常数

如:sfr P0 = 0x80;　/ *定义 P0 口地址为 80H * /直接寻址访问,所以等号右边一定是地址常数。其地址范围 80H—0FFH * /

　　sfr16　特殊功能寄存器名 = 地址常数

如:sfr16 T2 = 0xCCCD;　/ *定义 T2 地址为 T2L = 0CDH,T2H = 0CCH * /

注：该关键字为了适应新一代 8051 系列的需要，专门定义 16 位特殊功能寄存器。上例中，T2 是 8051 的 T2 定时/计数器，其高地址和低地址是连续的。但不能定义 T0 和 T1，因为 T0 和 T1 的高低字节地址号是不连续的。

2. 扩充关键字 sbit，定义特殊功能寄存器中可寻址的位

定义方法有如下三种：

①sbit　位变量名 ＝ 位地址

例如：sbit ou ＝ 0x22；

　　　sbit cy ＝ 0xD7；

②sbit　位变量名 ＝ 特殊功能寄存器名^位地址，其中特殊功能寄存器必须是已定义过的 SFR 寄存器。

例如：sfr　PSW ＝ 0xD0；

　　　sbit OV ＝ PSW^2；

　　　sbit CY ＝ PSW^7；

位地址的取值为 0—7。

③sbit　位变量名 ＝ 字节地址^位地址

例如：sbit OV ＝ 0xD0^2；

　　　sbit CY ＝ 0xD0^7；

sbit 和 bit 分别是独立的关键字。sbit 定义的是地址，bit 标量定义的是地址中的数据 0 或 1。

④C51 提供的 bdata 存储器类型的作用域是在片内数据存储器的可位寻址区。允许将具有 bdata 类型的对象放入。

例如：int bdata ibase；　　　　/＊在位寻址区定义一个整形变量 ibase＊/

　　　char bdata array[4]；　/＊在位寻址区定义一个数组 array[4]＊/

然后就可以使用 sbit 独立访问可位寻址的某一位。

例如：sbit mybit0 ＝ ibase^0；

　　　sbit mybit15 ＝ ibase^15；

　　　sbit ary07 ＝ array[0]^7；

　　　sbit ary37 ＝ array[3]^7；

注：位地址常数取决于基址的数据类型。

例如：char(0~7)，int(0~15)，long(0~31)。

⑤对于单片机系统扩展的 I/O 口，则应根据硬件译码地址，将其视为片外数据存储器的一个单元，然后用 #define 语句进行定义。

例如：#include　＜absacc.h＞　/＊绝对地址头文件＊/

　　　　#define　PORTA　xbyte[0xffc0]　/＊将 PORTA 定义为外部 I/O 口，地址为 0xffc0，长度为 8 位＊/

对 8051 的 SFR 的可位寻址位定义，则用

　　#include ＜reg51.h＞　/＊包含 8051 SFR 及位寻址定义＊/

　　#define　unchar　unsigned char　/＊用 unchar 代替 unsigned char＊/

　　#define　uint　unsigned int　/＊用 uint 代替 unsigned int＊/

后两个预处理命令的使用,使以后的程序编写简捷。

⑥C 语言允许在定义变量的同时对其赋初值。

例如：uchar data var1;　　　/＊在 data 区定义无符号字符型变量 var1＊/

　　　uint idata var2;　　　/＊在 idata 区定义一无符号整形变量 var2＊/

　　　int a ＝ 5;　　　　　　/＊定义变量 a 同时赋值 5,a 位于编译模式确定的默认存储
　　　　　　　　　　　　　　　区＊/

　　　char code text[] ＝ "ENTER PARAMETER";　/＊在程序存储区定义字符串数
　　　　　　　　　　　　　　　　　　　　　　　组＊/

　　　char xdata ＊ px;　/＊在外数据存储区定义一个指向对象类型 char 的指针变量
　　　　　　　　　　　　px,px 存放在默认存储区,长度为 2 字节(0—0xFFFF)＊/

　　　char xdata ＊ data pdx;　/＊由于指定了 pdx 的存储器类型,所以与编译模式无
　　　　　　　　　　　　　　　关＊/

　　　char bdata flags;　　/＊在片内可位寻址 RAM 区定义字符型变量 flags＊/

　　　sbit flag0 ＝ flags^0;

　　　sfr P0 ＝ 0x80;

　　　sfr16 T2 ＝ 0xCCCD;

5.3.5　C51 中对中断服务函数与寄存器组的定义

C51 对中断服务函数与寄存器组进行了定义,提供了 C 语言直接编写 8051 的中断服务函数,扩展关键字 interrupt.

定义中断服务函数的一般形式为：

函数类型　函数名(形式参数表)[interrupt n][using m]

式中：n 为中断号,取值范围为 0—31,编译器从绝对地址为 8×n＋3 处产生中断向量。对于 8051 系列,一般有 5 个中断源,即 n＝0—4,见表 5 - 4。

表 5 - 4　8051 系列的 5 个中断源

n	中断源	中断向量 8×n＋3
0	int0	0003H
1	time0	000BH
2	int1	0013H
3	time1	001BH
4	串口	0023H

例如：void timer1(void) interrupt 3;

关键字 using 和 m:其中 m 的取值为 0—3,分别指出 4 个不同工作寄存器组。

该选项要用到内部工作寄存器组,切换时要注意 RS1、RS0 的变化。

①在 C 语言中,由于定义了 interrupt n 中断函数,CPU 响应中断后会自动将 ACC、B、DPH、DPL 和 PSW 寄存器的内容保护入栈,在中断返回时再出栈。

②当中断函数加上 using m 修饰符时,在保护现场后,自动进行工作寄存器组的切换。

③中断函数没有返回值,所以在定义时总是加 void 类型,明确函数无返回值。

④如果在中断函数中调用其他函数,则被调用的函数所使用的工作寄存器组必须和中断函数使用的寄存器组相同。但一般尽量少用这种方式。

⑤C51 编译器从绝对地址 8×n+3 处产生一个中断向量,其中 n 为中断号。该向量包含一个到中断函数入口地址的绝对跳转。在对源程序编译时,可用编译控制指令 NOINTVEC-TOR 抑制中断向量的产生,从而使用户能够从独立的汇编程序模块中提供中断向量。

5.3.6　运算符与表达式

在 C 语言中,除了控制语句和输入输出语句以外,几乎所有的基本操作都作为运算符处理。运算符是表示完成某种特定运算的符号,而表达式则是由运算符和运算对象所组成的式子。任何一个表达式后面加分号";"就构成了一个表达式语句。

按照运算符在表达式中所起的作用,运算符分为:赋值运算符、算术运算符、关系运算符、逻辑运算符、位运算符、逗号运算符、复合运算符、指针运算符、强制类型运算符和求字节数(size of)运算符等。

1. 赋值运算符及其赋值语句

一个赋值语句的表达格式如下:

变量＝表达式

例如:x＝9;　　　 /＊ 将常数 9 赋给变量 x ＊/

　　　x＝y＝9;　　 /＊ 将常数 9 同时赋给变量 x,y ＊/

2. 算术运算符及其表达式

(1) 运算符

＋　(加法,或取正值运算符,如 3＋5、＋3)

－　(减法运算符,或称取负值运算符,如 5－2、－3)

＊　(乘法运算符,如 3＊5)

/　(除法运算符,如 5/3)

％　(取余运算符,如 7/4 的值为 3)

上面的这些运算符称为双目运算符,因为它们要求有两个运算对象。对于＋、－、＊符号遵循一般算术运算规则,而对于除"/"有所不同,如果是两个整型数相除,结果舍去小数部分。如 6/4 结果为 1。如果两个浮点数相除,结果为浮点数。如 5.0/10.0 结果为 0.5。取余运算要求两数为整型常量。如 7％4 结果为 3。

(2) 算术表达式的一般形式

　　表达式 1　算术运算符　表达式 2

运算对象包括常量、变量、函数等。

例如:x＋y/(a＋b),(a＋b)＊(x－y)都是合法的算术表达式。在表达式求值时,按运算符的优先次序执行,算术运算符的优先次序为:先乘除,后加减,括号最优先,同级别从左到右。如计算 x＋y/(a＋b)表达式时,先计算(a＋b),再计算除 y/(a＋b),然后计算 x＋y/(a＋b)。

如果表达式 1 和表达式 2 的数据类型不同,则先按照数据类型的优先级别从低到高自动转换成同一种类型,然后再进行计算。

3. 关系运算符及其表达式

（1）运算符

　　＞（大于）

　　＜（小于）

　　＞＝（大于等于）

　　＜＝（小于等于）

　　＝＝（测试等于）

　　！＝＝（测试不等于）

它们的优先级别为：＞（大于）、＜（小于）、＞＝（大于等于）、＜＝（小于等于）属于同一级别，＝＝（测试等于）、！＝＝（测试不等于）亦属于同一级别，但前者级别高于后者。

（2）关系表达式的一般格式

　　　表达式 1　关系运算符　表达式 2

关系运算符常用来判别某个条件是否成立，若成立结果为"1"，否则结果为"0"。由此可以看出关系运算符的结果为逻辑值。

例如：若 a＝5,b＝4,c＝1 则

　　　　a＞b 的值为"真"，表达式值为"1"；

　　　　b＋c＜a 的值为"假"，表达式值为"0"；

　　　　d＝a＞b 的值为"真"，表达式值为"1"；

　　　　f＝a＞b＞c；由于关系运算从左到右结合，所以 f＝a＞b 表达式为"1"，而"1"＞c 为假，所以 f 值为"0"。

前述的三种运算符在表达式中也有优先级，其级别是算术运算符高于关系运算符，而关系运算符又高于赋值运算符。

4. 逻辑运算符及其表达式

（1）运算符

　　＆＆（逻辑与）　　双目运算

　　‖（逻辑或）　　双目运算

　　！（逻辑非）　　单目运算

（2）表达式

表达式的一般形式为：

　　逻辑与：　条件 1＆＆条件 2

　　逻辑或：　条件 1‖条件 2

　　逻辑非：　！条件式

例如：x＆＆y、a‖b、！z　均按逻辑运算法则获取值。

逻辑运算符的优先次序：！（非）→＆＆（与）→‖（或）

＆＆和‖的优先级低于关系运算符，！高于算术运算符。则前述几种运算符的优先次序为：

　　　！→算术运算符→关系运算符→＆＆和‖→赋值运算符

例如：(a＞b)＆＆(x＞y)　　可写成　a＞b＆＆x＞y

　　　(a＝＝b)‖(x＝＝y)　　可写成 a＝＝b‖x＝＝y

（！a）‖（a＞b）　　　　　可写成　！a‖a＞b

逻辑表达式的值应该是一个逻辑量,逻辑运算结果值为"1"表示真,为"0"表示假。但在判定一个量是否为"真"时,将一个非零的值认为是"真"。

例如：若 a＝3,则！a 的值为"0"

若 a＝3,b＝4,则 a＆＆b 的值为"1"

若 a＝3,b＝4,则 a‖b 的值为"1"

若 a＝3,b＝4,则！a‖b 的值为"1"

若 a＝3,b＝4,则！a＆＆b 的值为"0"

若 a＝3,b＝0,z＝1,则 a＆＆b‖z 的值为"1"

5. 位运算及其表达式

（1）运算符

～（按位取反）　　　＆（按位与）

＜＜（左移）　　　　＾（按位异或）

＞＞（右移）　　　　｜（按位或）

除～（按位取反）外,其余均为双目运算,运算量只能是整型字符型数据;运算符的优先级别：～（按位取反）→＜＜（左移）→＞＞（右移）→＆（按位与）→＾（按位异或）→｜（按位或）。

（2）表达式

按位取反：～变量

其余位运算表达式：变量　位运算符　变量

在移位运算中,遵循溢出舍弃,移位补零的原则。

例如：a＝EAH；a＝a＜＜2；　结果为：a＝A8H

具体运算过程为：

a：　　　　　　　　　　　　11101010 B

a＜＜2：　11　　　　　　　10101000 B

6. 自增量和自减量运算符

该运算符的作用是使变量的值自动增加 1 或减 1。

（1）运算符

＋＋i,－i　（在使用之前先使 i 值加或减 1）

i＋＋,i－　（在使用之后使 i 值加（减）1）

（2）赋值

假设 i 初值为 3

j＝＋＋i；　／＊i 的值先变为 4,再赋值给 j,j＝4 ＊／

j＝i＋＋；　／＊先将 i 的值 3 赋值 j,j＝3,然后 i 变为 4 ＊／

这里注意：自增（＋＋）和自减（－）运算符只能用于变量,其结合方向是"自右向左"的,如：－i＋＋,i 的左边是负号运算,若按照算术运算符中"自左向右"的结合方式,相当于（－i）＋＋,但（－i）＋＋又是不合法的,因为对表达式不能进行自加减运算,所以这种分析方法是错误的。

正确分析方法为：因负号运算符和"＋＋"运算符是同优先级别且结合方向是"自右至左"

的,所以−i＋＋相当于−(i++),这样当 i 初值为 3 时,则先取出 i 的值 3,输出−i 为−3,即结果为−3。而 i＋＋ ＋j 相当于(i++)＋j 的运算。自加 1 或自减 1 符号常用在循环语句中使变量自动加 1 或减 1。

7. 复合赋值运算符及其表达式

在赋值运算符"＝"的前面加其他运算符,就构成了复合赋值运算符。

（1）运算符

＋＝	加法赋值
−＝	减法赋值
＊＝	乘法赋值
/＝	除法赋值
％＝	取余赋值
＜＜＝	左移位赋值
＞＞＝	右移位赋值
＆＝	逻辑与赋值
|＝	逻辑或赋值
～＝	逻辑非赋值

（2）表达式

　　变量　复合赋值运算符　表达式

首先复合运算符对变量进行某种运算,然后将运算结果给该变量赋值。例如:a＋＝3 等价于 a＝a＋3,即先对 a 变量做加 3 的运算,然后把结果给 a 赋值。所以:

　　a＊＝3　等价于 a＝a＊3;

　　a＆＝b　等价于 a＝a＆b;

　　x＊＝y＋8　等价于 x＝x＊(y＋8);

　　PORTA ＆＝0xF7　等价于　PORTA＝PORTA ＆ 0xF7;

　　因 0xF7＝11110111B,该语句执行后相当于把 PORTA.3 位置"0"。

8. 逗号运算符","

用逗号运算符可以将两个或两个以上的表达式连接起来,一般形式为:

　　表达式 1,表达式 2,…,表达式 n

注意,逗号运算符在各种运算符中级别最低,同级按由左到右顺序计算出各个表达式的值。但函数中的参数中出现的逗号不是逗号表达式。

9. 条件运算符"?"

该运算符是 C 语言中唯一的三目运算符,它要求有三个运算对象。

一般形式为:表达式 1? 表达式 2:表达式 3

在一般形式中,先得到表达式 1 的值,当为"1"真(非 0 值)时,将用表达式 2 的值实现条件表达式的值。当表达式 1 的值为逻辑"0"(0 值)时,将用表达式 3 的值实现条件表达式的值。

例如:条件表达式 max＝(a＞b)? a:b 的执行结果是将 a 和 b 中较大者赋值给变量 max,即当 a＞b 为"1"时,赋 a 值,当 a＞b 为"0"时赋 b 值。

另外逻辑表达式可以和表达式 1 和表达式 2 中的类型不一样。

10.强制类型转换运算符

该运算符的作用是将表达式变量的类型强制转换成所指定的类型。转换方式有两种:一种是自动类型转换,即隐式转换,由编译器自动按照由低就高的原则进行。另一种是强制类型转换,使用强制类型转换符()转换的一般形式为:

(类型名)(表达式);表达式也可以是一个不带括号的字母。

例如:(double)(a)

　　　　(double)a　　　　将 a 强制转换为 double 型;

　　　　(int)(x+y)　　　　将 x+y 强制转换为 int 型;

　　　　(int)x+y　　　　将 x 的值强制转换为 int 后和 y 相加。

若在采用强制类型转换时,想使得到的值为中间变量,而不改变原来的变量类型,可用下面程序。

例如:main()
```
{
float x;
int i;
x=3.6;
i=(int)x;
printf("x=%f,i=%d",x,i);
}
```
执行结果:x=3.600000　　　未变,仍为 float 型。

　　　　　i=3　　　　　　为整型,中间变量。

5.4　函　数

C 语言程序是由一个主函数和若干个调用函数组成的,被调用函数类似于汇编程序中的子程序模块,这种结构的程序本身就具有结构化编程的特点。

从用户的使用角度出发,函数又分为库函数(即由编译系统提供的标准函数)和用户自定义的功能函数组成。

按照函数的形式又可分为无参函数和有参函数。无参函数被调用时一般与主函数无数据传递,仅完成指定的操作,而有参函数被调用和返回时与主函数可有数据传递。

5.4.1　函数定义的一般形式

1.无参函数的定义形式

　　函数类型　函数名()
```
{
　声明部分
　函数体语句
}
```
例如:

```
    void printstar( )                /* printstar( )函数 */
    {
       printf("chaina\n");
    }
```

2. 有参函数的定义形式

　　函数类型　　函数名(形式参数表)

　　形参　声明部分

　　{

　　　局部变量声明部分

　　　函数体语句

　　}

```
例如：char fun(x,y)              /* 定义一个字符型函数 */
      int x;                     /* 声明 x 为整形 */
      char y;                    /* 声明 y 为字符形 */
      {                          /* 函数体开始 */
        char z;                  /* 局部变量 z 声明为字符型 */
        z = x+y;                 /* 变量 z＝x＋y */
        return z;                /* 返回 z */
      }                          /* 函数体结束 */
```

　　例中："函数类型"说明了自定义函数返回值的类型。

　　　　　"函数名"是自定义函数的名称。

　　　　　"形式参数表"列出了调用函数与被调用函数之间传递数据的形参的类型。

　　　　　char z 是对函数内部使用局部变量进行定义。

　　　　　z＝x＋y 为函数体语句。

3. 空函数

　　例如：void fun2()

　　　　　　{

　　　　　　}

　　void 是空函数的专用词。在调用函数不要求返回值时,可用空函数类型,而省去 return 语句。保证返回时不带回任何值。

5.4.2　函数的调用与嵌套

1. 主调函数和被调函数

　　在 C 语言中,一个函数可以调用另一个函数,前者称为主调函数,后者称为被调函数。在调用过程中,被调函数又可以调用另一个函数,称为嵌套,嵌套中程序先执行后被调函数,直到返回后又接着执行被调函数。

2. 被调函数的一般形式

　　例如：函数名(实际参数表)

其中,"函数名"指出被调用的函数。

"实际参数表"作用是将它的值传递给被调函数中的形式参数。

主调函数通过下面三种方式完成函数的调用。

①在主调函数中将被调函数作为一条语句。

例如:fun1();　　/＊无参功能函数调用,只完成一定的操作,不要求返回值＊/。

②函数表达式,即等号后为函数名(实际参数表)。

例如:c＝max(a,b);　　/＊实为一个赋值语句,将实参 a 和 b 中较大者赋值给 c 返回＊/。

③函数参数。在主调函数中把被调函数作为另一个函数调用的实际参数。

例如:printf("%d",max(a,b));

被调函数为 printf(...),而 max(a,b)是作为 printf()函数的一个实际参数处理,属于嵌套函数调用。

3. 函数的返回值

①函数的返回值是通过 return 语句实现的,return(z)与 return z 等价。

②函数值类型在未规定时默认为是整型,若函数值与函数类型不一致,则以函数类型为准,即把函数值变为和函数类型一致后返回。

③为了明确表示不带回返回值,常用"void"定义空函数,调用函数中禁止使用返回值。

4. 对被调用函数声明和函数原型

①被调用函数必须是存在的函数。

②使用库函数,应用 ♯include＜ ＞命令将被调有关库函数的信息包含到文件中来。

例如:♯include＜stdio. h＞

　　　　　{

　　　　♯include＜reg51. h＞

　　　　♯include＜math. h＞

③定义的函数,必须对形参先声明、后调用,

例如:main()

　　　　int a,b,c;　　　　　　　　　　　/＊变量声明＊/

　　　　int max(int x, int y);　　　　　/＊形参声明告知编译系统＊/

　　　　c＝max(a,b)　　　　　　　　　/＊函数调用＊/

　　　　}

　　　　int max(int x, int y);

　　　　{

　　　　int z;

　　　　if(x＞y) z＝x;

　　　　else z＝y;

　　　　return z;

　　　　}

5. 函数的递归调用

在一个函数调用另一个函数的过程中,又出现直接或间接调用函数本身,称为函数的递归

调用。下例是一个利用递归求阶乘的例子,C51 中很少用。

例如:

```
int f(x);
int x;
{
    int z;
    if(x<1)return 1;
    else return z=f(x-1) * x;
}
```

5.4.3　数据输入输出函数

从计算机主机向外部输出设备传送数据称为输出,而从外设向计算机主机传送数据称为输入。C 语言本身不提供输入输出语句,输出输入是用函数来实现的。

例如:printf 函数和 scanf 函数,它们可以由一次函数调用加“;”号构成语句。C 语言提供的函数是以库的形式存放在系统中,它们是 C 语言文本中的组成部分。调用标准输入输出库函数时,文件的开头应有:

♯include<stdio. h>预处理命令

最常用的输入输出函数有格式输出输入函数 printf()和 scanf()函数。

1. printf 函数(格式输出函数)

①printf 函数的一般形式为:printf(格式控制,输出表列)

其中,格式控制是用双引号括起来的字符量,也称控制量转换字符,格式说明总是由％加转换字符组成。其意义见表 5－5。

表 5－5　printf 函数的格式符

格式字符	说明
c	输出一个字符
s	输出一个字符串
d 或 i	输出带符号的十进制整形数
o	输出一个八进制无符号形式整形数(不输出前导符 0)
x 或 X	输出十六进制无符号形式整形数(不输出前导符 0)
	当使用 x 时输出的十六进制数为 0—9abcdef
	当使用 X 时输出的十六进制数为 0—9ABCDEF
u	按无符号位的十进制输出整形数
f 或 e	输出一个 32 位的浮点数,f 输出小数形式,e 输出指数形式

例如:printf(“a＝％d,b＝％d”,a,b);

式中:％d 表示输出项为 int 型

"a＝" "b＝"原样输出

若 a 和 b 的值分别是 3 和 4,则输出结果为 a＝3,b＝4。

②格式转换说明的个数、输出表列的个数和数据类型应相同。在格式说明中,以％开始到格式字符作为结束,在说明时可以加一些"宽度说明",左右对齐形式"一",前导零符号"0"等。格式字符一般用小写字母,其功能见表 5－6。

表 5－6　printf 函数的附加格式符

格式字符	说明
l（字母 l）	用于长整形整数,可加在 d、o、x、u 前面
m（正整数）	数据的最小宽度
n（正整数）	对实数,表示输出 n 位小数;对字符串,表示截取的字符个数
一	输出的数字或字符在域内向左靠

③长度修饰,长度修饰符号加在％和格式字符之间,如:％Ld(输出长整形),％nd(输出短整型),当采用％d,％c,％f,％e,……等格式时,说明输出数据所占宽度由系统决定,并采用右对齐形式。

2. scanf( )函数

scanf 函数是格式标准输入函数。

①调用它的一般格式为:Scanf("％d,％d,％d\n",&a,&b,&c);

其中格式控制由"％"后加转换字符组成。

②转换字符的含义见表 5－7。

表 5－7　scanf 函数的格式符

格式字符	说明
c	输入一个字符
s	输入一个字符串
d 或 i	输入带符号的十进制整形数
o	输入一个八进制无符号形式整形数(不输出前导符 0)
x 或 X	输入十六进制无符号形式整形数(不输出前导符 0)
	当使用 x 时输入的十六进制数为 0—9abcdef
	当使用 X 时输入的十六进制数为 0—9ABCDEF
u	按无符号位的十进制输入整形数
f	输入一个 32 位的浮点数

③附加格式符的含义见表 5－8。

表 5 - 8　scanf 函数的附加格式符

格式字符	说明
l（字母 l）	用于输入长整形数据,可加在%d、%o、%x、%u 及 double 前面
h（正整数）	用于输入短整形数据(%hd,%ho,%hx)
域宽	指定输入数据所占的宽度(列数),域宽应为正整数
*	表示本输入项在读入后不赋给相应的变量

5.5　C 语句与程序设计

C 程序是由函数组成的,而一个函数又包括声明部分和执行部分,主要是数据类型和数据初值,执行部分也称数据操作,是由语句来实现的。C 语句可分为以下 5 类。

5.5.1　表达式语句

由一个表达式构成一个语句,最典型的是赋值表达式后面加一个分号";"就是一个表达式语句。

空语句是一种特殊的表达式语句。

";"即只有一个分号的语句,它什么也不做,有时用来做被转向点标志。

例如：Loop：　;　　　　/* loop 为转向标志。　　;空函数 */

　　　　……

　　　　if(++i>100) goto Loop1;

　　　　goto　Loop;　　/* 无条件转回 loop 标号 */

　　　　Loop1:

　　　　……

5.5.2　选择语句

选择语句也称为条件语句,C 语言提供了三种形式的条件语句。

1. if(条件表达式)语句

上面的语句也可以是复合语句{语句;},其含义是如( )中的条件成立则执行{ }中的语句,否则跳过{ }中的语句,执行下面其他语句。

例如：if(x>y) printf("%d",x);

2. if(条件表达式)语句 1

　else　语句 2

若条件成立,执行语句 1,若条件不成立,则执行语句 2

例如：if(x>y)　printf("%d",x);

　　　　else　　printf("%d",y);

3. if(条件表达式 1)语句 1

　else if (条件表达式 2) 语句 2

else if（条件表达式 3）语句 3

else 语句 4

上述结构实现多方向条件分支，实为 if-else 嵌套而成，其中 if 与最近的 else 配对使用。如图 5-3 所示。

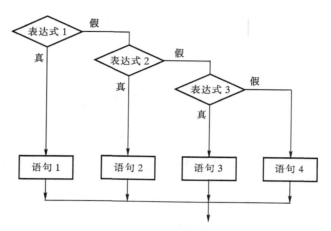

图 5-3　if-else 语句的流程图

程序举例：

……

/＊当进入单片机串行口中断服务程序时，由于不能判断该事件是串口接收中断还是发送中断，需要在程序中判断 TI 和 RI 位来识别该事件，此时需要用到选择语句＊/。

```
void uart() interrupt 4
{
    ES = 0;                  /＊关闭串口中断＊/
    if(RI==1)                /＊判断接收到的中断标志位＊/
    {
        /＊如果为接收中断则执行以下代码＊/
        RI = 0;              /＊软件清接收中断标志位＊/
        seriel_dat = SBUF;
        seriel_dat_en = 1;   /＊使能串口中断＊/
    }
    else if(TI==1)
    {
        /＊如果为发送中断则执行以下代码＊/
        TI = 0;
    }
    else
    {
        /＊如果报错，程序执行软件"看门狗"函数＊/
```

```
    (*(void(*)())0)();
  }
  ES=1;
}
……
```

5.5.3　switch 语句

switch 语句又称为开关语句,它比 if-else 嵌套更适合于处理分支结构的程序设计,switch 语句一般形式如下:

```
switch(条件表达式)
  {
    case 常量表达式 1:{语句 1;} break;
    case 常量表达式 2:{语句 2;} break;
    ……
    case 常量表达式 n:{语句 n;} break;
    default:{语句 n+1;}
  }
```

工作过程是:将 switch( )中的条件表达式与 case 后面常量表达式进行比较,若二者相等则执行该 case 后{语句;},遇见 break 则跳出 switch 语句,若二者不等,继续寻找相等者,如果在所有的 case 后的语句都找不到相同者,就执行 default:{语句 n+1;}。流程图见图 5-4。

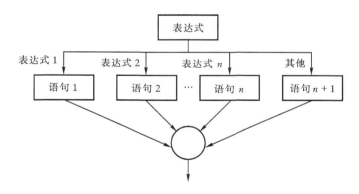

图 5-4　switch 语句的流程图

条件表达式和常量表达式可以是任意类型。

程序举例:

……

/*当随着某个变量取值的不同而需调用不同的函数或方法时,可以采用 switch+case break 语句来实现。如处理按键事件等*/

```
int JudgeKey(int KEY)
{
  switch(KEY)
```

```
    {
      case KEY_UP：
      JumpToUp( )；
      break；
      case KEY_DOWN：
      JumpToDown( )；
      break；
    case KEY_CONFIRM：
    JumpToCon( )；
    break；
default：
    break；
    }
}
      ……
```

5.5.4　循环语句

构成循环结构的循环语句,一般由循环体和循环终止条件两部分组成,被循环执行的语句称为循环体,而能让该循环终止的条件语句称为终止条件。在 C 语言中实现循环的语句常用以下几种:while、do-while 和 for 语句。

1. while 语句

一般形式

while(条件表达式)

　〔语句;〕　　　　/＊循环体＊/

式中,条件成立时,重复执行判断框后的语句,直到条件不成立时,跳出循环语句。这种结构语句是先检查条件表达式是否成立。其流程图见图 5-5。

程序举例:

　/＊当程序需要重复执行某些操作时,可以考虑使用循环

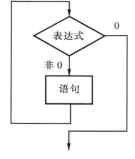

图 5-5　while 语句的流程图

语句来实现。while 语句通过直接判断一个条件来决定是否退出该重复操作。一般的,当判断条件无法预知其循环次数或判断条件不在循环中改变时,常使用 while 语句;反之,当循环次数固定时,常使用 for 语句。如下面程序中用到的串口发送完成后,根据发送标志位是否置 1,循环等待。＊/

　　SBUF ＝ tran[i]；　　/＊发送 tran[i]数据,高位先发＊/

　　while(！TI)；　　　　/＊等待发送完毕,TI＝1 跳出＊/

　　TI＝0；　　　　　　/＊清中断标志位＊/

　　……

　/＊又如,当写菜单程序时,可以用 while 嵌套来实现,每一级菜单都是一个 while 循环。选择某个按键可以进入一级菜单,选择另一个按键可以退出当前菜单。其中 KEY 的

```
值可以在中断中取得 * /
    / * MENU1-1 * /
while(KEY==WM_QUIT)
  {
    switch(KEY)
    {
      case WM_KEY1：
    / * MENU2-1 * /
while(KEY==WM_QUIT)
    {
      ……
    }
      break；
      case WM_KEY2：
    / * MENU2-2 * /
while(KEY==WM_QUIT)
    {
      ……
    }
      break；
      default：
      break；
    }
  }
    ……
```

2. do-while 语句

do-while 语句的一般表达式：

```
  do
    {语句；}        / * 循环体 * /
  while(条件表达式)；
```

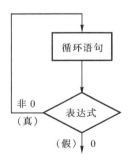

图 5 - 6　do-while 语句的流程图

执行过程如下，首先执行循环语句，再执行 while(条件表达式)语句，若条件成立则跳回 do{语句；}继续循环，只有当循环条件不成立时循环终止，继续顺序执行下一条指令。其流程图见图 5 - 6。

程序举例：

例 1：　/ * 与 while 循环的例子相同,也可以使用 do-while 结构来完成相同的功能 * /

```
    SBUF = tran[i]；     / * 发送 tran[i]数据,高位先发 * /
    i = 100；
```

```
do
{
    i = i-1;
    delay1us(10);
    if(i==0)break;        /* 循环等待,当延时超过限制时,自动跳出 */
}
while(! TI);              /* 等待发送完毕,TI=1 跳出 */
TI = 0;                   /* 清中断标志位 */
......
```

例 2：　/* 当程序循环执行某段程序,无论是否满足 while 的判断条件,该段程序都要执行一遍时,可以采用 do-while 结构。以此为例,程序开始时,液晶闪烁显示,等待按键继续执行 */

```
do
{
    /* 循环闪烁代码 */
    LedDisplay( );
}while( KEY==WM_ENTER);
......
```

3. for 语句

一般表达式：

for([初值设定表达式];[循环条件表达式];[更新表达式])
{语句;}　　　　　　　　　　/* 循环体 */

执行过程如图 5-7 所示。

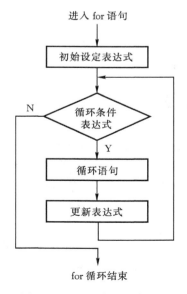

图 5-7　for 语句的流程图

第一步　先计算出初值设定表达式中的值,作为循环控制变量的初值。

第二步　判断循环条件表达式是否满足条件,若满足,则执行循环体语句,再执行更新表达式,然后再返回判断循环条件是否成立,若成立继续循环,若不成立,则停止执行循环体语句。

程序举例:

```
/*当程序需要重复执行某些操作时,可以考虑使用循环语句来实现,for 语句集成三个
    条件,一个初始条件,一个满足条件,一个递归条件,使得其语义比 while 循环更明
    确。以下以手动的奇偶校验为例,将一个字节的低 7 位进行奇校验,并将结果存在
    该字节的最高位上*/
tmp = 1;
for(j=0;j<7;j++)                /*j=0~6 是一个字节的低 7 位,低位 j=0*/
    tmp ^= tran[i]>>j;          /*按位异或求出奇偶校验位,tmp 的最低位是奇偶校
                                  验位的结果, */
tran[i] &= 0x7f;                /*清奇偶校验位*/
tran[i] |= tmp<<7;              /*放到 tran[i]的最高位*/
SBUF = tran[i];                 /*发送 tran[i]数据,高位先发*/
……
/*以下为接收部分,将数据接收后进行奇偶检验。对低 7 位进行奇校验,并比较其结
    果与最高位是否相同*/
tmp = 1;
for(j=0;j<7;j++)
    tmp ^= seriel_dat>>i;
if(tmp ! = serie_dat>>7)        /*比较奇偶校验位*/
    error();                    /*奇偶校验出错,则跳转到出错处*/
else
    tran[i--] = seriel&0x7f;    /*将接收到的数据消去奇偶位存入数组*/
……
```

注:for(;;){……},小括号内的判断条件将导致一个无限循环。

5.5.5　goto 语句、break 语句和 continue 语句

1. goto 语句

goto 的一般形式为: goto　语句标号;

goto 语句是无条件转移语句,其作用是:与 if 语句一起构成循环结构,从循环体中跳转出。

2. break 语句

一般形式为:break;

break 语句是结束整个循环过程,仅在循环语句和 switch 语句中使用,从循环体中跳出,即提前结束循环,而接着执行循环体下面的语句。

例如:

```
    for(r＝1;r＜＝10;r＋＋)
    {
        area＝pi＊r＊r;
        if(area＞100) break;
    }
```

3. continue　语句

一般形式为:continue;

其作用是结束(中断)本次循环,即跳过循环体中尚未执行的语句,接着进行下一次是否执行循环的判断。

程序举例:

```
    for (n＝200; n＜＝300;n＋＋)
    { if (n％3＝＝0)
        continue;
        printf (″％d″,n);
    }
```

／＊ goto 的滥用会破坏 C 程序的结构性,使得程序的可读性变差。一般会在直接跳出多个嵌套的循环时使用。使用 break 可以跳出当前的循环和 switch 判断,如 switch 中的例子。使用 continue 不会跳出当前循环,而是直接跳过后面的语句,重新开始执行当前循环。 ＊／

5.6　指针变量

前面已讲过,不同类型的变量,在编译时系统会针对变量类型而分配一定长度的内存单元。内存单元的编号实际上就是对应内存单元的地址号。对变量的存取值实际上是通过地址进行的。

在 C 语言中变量名给出的实际上是一个地址号,而变量值是存放在变量名所指示的地址中,该变量又称为变量指针。其寻址方式是:指令通过变量名(变量指针)直接寻址到变量所指的内存单元,从该内存单元中取出变量值。此时这种寻址方式又称为直接寻址方式。

当变量名给出的不是该变量值的存放地址,而是另一个地址值,该地址中才是存放的变量值。这样在执行指令时,先从变量名寻址到的不是变量值的存放地址,而是另一个存放变量值的地址。只有通过间接方式才能取出变量值,这种寻址方式称为间接寻址,这个变量名称为指针变量,为了与变量指针区分,在指针变量前必须加一个 ＊ 号。例如:int ＊ poinel;

5.6.1　指针变量定义和引用

1.指针变量定义

指针变量用来专门存放地址值。指针类型的变量定义形式如下:

(基类型)　＊　(指针变量名)

例如:int　i,j;

　　　int　　＊ pointer_1, ＊ pointer_2;

注:第 1 句仅定义了 i 和 j 为整形变量。

第 2 句定义了整形类型的两个指针变量,符号 * 表示指向 pointer_1 和 pointer_2 所指向的变量。

由于基类型的不同,所分配的内存单元数不同,所以在定义时必须指明基类型。一个指针变量只能指向同一基类型的变量。

2. 指针变量的引用

在上述定义中仅定义了 pointer_1 和 pointer_2 两个指针变量名。那么在 C 语言中又是如何引用使之能指向一个地址呢? 指针变量利用两个有关的运算符。

(1) &:取地址运算符

(2) *:指针运算符(或称间接访问运算符)

如果 &i 为变量 i 的地址,那么 *p 为指向指针变量 p 所指向的存储单元地址。

例如:

```
#include <stdio.h>
extern serial_intial()
void main()
{
  int i,j;
  int * p1, * p2;              /* 定义了两个指针变量 */
  i = 100;
  j = 20;
  p1 = &i;                     /* 把变量 i 的地址赋给 p1 */
  p2 = &j;                     /* 把变量 j 的地址赋给 p2 */
  printf("%d,%d\n",i,j);
  printf("%d,%d\n", * p1, * p2);
}
```

注:p1 = &i 和 p2 = &j 赋值后, * p1 和 * p2 是代表变量,即 p1 和 p2 所指向的变量 i 和 j。

如已执行了 p1=&i;的语句,再执行下面的语句:& * p1;它的含义是先进行 * p1 的运算,然后再进行 & 运算。因此 * p1 与 i 相同,也就是说 * p1 的运算就是变量 i。

如 p2 = & * p1,它的作用就是把 &i(i 的地址)赋值给 p2。从而 p2 也指向 i。

* &i 的含义是先进行 &i 运算取到地址,然后再进行 * 运算。所以 * &i 和 * p1 的作用相同。

(* p1)++相当于 a++,( )是必须的,而 * p1++就相当于 * (p1++),由于 * 和++是同一优先级且按自右而左的顺序结合,所以当 * p1++时,++在右侧,是先加后 * 运算,指向的值就不是 a 了。

5.6.2　指针变量作为函数参数

指针变量作为函数参数的作用是将一个变量地址传送到另一个函数中去。

例如:对输入的两个整数按大小顺序输出程序:

```
#include<stdio.h>
extern serial_intial()
swap(int * p1,int * p2)      /* 用户自定义函数,形参 p1 和 p2 为指针变量 */
{
    int temp；
    temp＝ * p1；
    * p1＝ * p2；
    * p2＝ temp；
}
main()
{
    int a,b；
int * pointer_1, * pointer_2, serial_intial()；
    scanf("%d,%d",&a,&b)；
    pointer_1＝&a；
    pointer_2＝&b；
    if(a<b) swap(pointer_1, pointer_2)；
    printf("\n%d,%d\n",a,b)；
}
```

运行结果：

键入 10,100 回车

输出 100,10

5.6.3　Keil51 的指针类型

C51 中指针分为"基于存储器的指针"和"一般指针"两种。

1. 基于存储器的指针

该指针变量在定义中省去了存储器类型参数,由编译器确定该变量的存储单元,占用长度1～2 个字节,例如,对于 idata *（间接内部数据 256 字节）,data *（直接内部数据 128 字节）,pdata *（分页外部 256 字节）,指针长度仅用 1 个字节。

而对程序存储器 code *（64K）和外部数据 xdata *（64K）就必须用两个字节。例如,定义 char xdata * px;在外部数据存储器定义一个指向字符类型的指针,指针的存储区由编译器决定。它的长度为两个字节,值为 0—0xffff。

2. 一般指针

一般指针占存储器 3 个字节,其中第一个字节表示存储器类型,第二个字节是偏移量的高位,第三个字节为偏移量的低位。存储器类型的编码和相应寻址空间见表 5－9。

表 5－9　存储器类型的编码和相应寻址空间

存储类型	idata	xdata	pdata	data	code
代码值	1	2	3	4	5
寻址空间	间接寻址内部存储器 256 字节	外 64K 数据存储器	分页访问外数据存储器 256 字节	直接寻址内部存储器 128 字节	程序存储器 64K

例如：♯define XBYTE ((char ＊)0x020000)　　/＊02 表示 xdata(外部数据),0000 表示

　　　　　　　　　　　　　　　　　　　　xdata 为指向 0 地址的指针。＊/

　　　XBYTE[0x8000] ＝ 0x41;　/＊用数组实现地址偏移,偏移量为 0x8000。＊/

Keil51 中还定义了以下几个宏定义：

　　　♯define CBYTE ((unsigned char volatile code ＊)0)

　　　♯define DBYTE ((unsigned char volatile data ＊)0)

　　　♯define PBYTE ((unsigned char volatile pdata ＊)0)

　　　♯define XBYTE ((unsigned char volatile xdata ＊)0)

5.7　数　组

　　数组是同类型数据的有序集合。集合中的每个数据称作数组元素,用一个统一的数组名字和下标可以唯一确定数组中的元素。所以访问数组可通过识别下标的方法实现。基本型数据有：整型、字符型、实型。构造类型数据有：数组类型、结构体类型和共用体类型等。

5.7.1　一维数组的定义和引用

　　当数组中的每个元素只需一个下标就可区分各元素在数组中的位置,称为一维数组。

1. 一维数组的定义方式

存储类型　类型说明符　数组名[常量表达式];

　　注意,存储类型：默认值为自动 auto;类型说明符：可以是 int,chart 等;数组名：可以是 a,b 等;[常量表达式]：该表达式只能用[ ],且括号中只能是常量,数组的大小不能随机改变,也只能是同类型数据。

　　例如：int a[10];

　　表示定义了一个整型数组,数组名为 a,数组有 10 个元素,序号是 0—9。

　　编译系统将自动(auto)为整型数组按 a[0],a[1],…,a[9]次序分配存储空间。由于整形数组每个元素占存储器 2 个字节,对于长整形和浮点型要占用 4 个字节,所以在单片机中,由于存储器容量有限,不要随意定义大容量数组。

2. 一维数组的引用

　　对已经定义好的数组,C 语言只能逐个引用数组元素,而不能一次引用整个数组。其引用格式为：

数组名[下标表达式]

其中下标表达式可以是整型常量,整型变量或整型表达式。

例如:int a[10];a[5]表示数组中第 6 个元素,a[2 * 3]表示数组中第 7 个元素。

3. 一维数组初始化

数组的初始化就是使用赋值语句给数组元素赋初值。数组赋初值可以在编译阶段进行,也可以在运行中赋值。

例如:int a[6]={1,2,3,4,5,6};

　　　即 a[0]=1, a[1]=2, a[2]=3, a[3]=4, a[4]=5, a[5]=6。

例如:int a[10]={1,2,3,4,5,6};等价于 int a[10]={1,2,3,4,5,6,0,0,0,0}

4. 一维数组的应用举例

例 1:用冒泡法对一组数据进行由小到大的排序。

```c
#include <stdio.h>
extern serial_initial();
main()
    {
    unsigned char xdata a[ ] =
    {0x3f,0x44,0x32,0x54,0x66,0x56,0x88,0x77,0x11,0x34};
    unsigned char i,j,t;
    serial_intial( );
    printf("the unsorted numbers:\n");
    for(i=0;i<10;i++)
      printf("%bx", a[ i ]);
    printf("\n");
    for(j=1;j<10;j++)
      for(i=0;i<10-j;i++)
      {
        if(a[ i ] > a[ i+1 ])
        {
          t = a[ i ];
          a[ i ] = a[ i+1 ];
          a[i+1] = t;
        }
      }
    printf("the sorted numbers :\n");
    for(i=0;i<10;i++)
      printf("%bx",a[ i ]);
    while(1);
}
```

执行程序结果:

the unsorted numbers:

3 f　44　32　54　66　56　99　88　77　11　34

the sorted numbers：

11　32　34　3f　44　54　56　66　77　88　99

例 2：某单片机应用系统，有 8 位数码管采用动态显示方式。编出显示子程序片断：

编程思路：主程序将数据送到显示缓冲区，显示程序从显示缓冲区读出数据，然后分别送到数码管中显示。

汇编源程序：

```
        MOV  R0,＃disbuff   ;显示缓冲区的首地址
        MOV  R3,＃08H       ;循环次数
LOOP：  MOV  A,@R0
        ……
        INC  R0
        DJNZ R3,LOOP
```

C 语言编程：

```
unsigned char d[8];
＃define XBYTE (char ＊)0x7fb0
……
for(i＝0;i＜8;i＋＋)
{
   ＊XBYTE = d[i];
   i＋＋;
   ……
}
```

从例中看出，在汇编语言中，由于有间址和自动减 1 配合实现循环显示。而在 C 语言中，使用一维数组和 i 自加配合来实现循环显示。

5.7.2　二维数组的定义和引用

1.二维数组的定义方式

存储类型　类型说明符　数组名［常量表达式 1］［常量表达式 2］；

例如：int a［2］［3］；

二维数组的定义方式与一维数组类似，只是第一个［　］表示行数，第二个［　］表示列数，编译系统将自动（auto）为整型数组按先存第一行后存第二个行的次序分配存储空间。上例中：定义 a 为 2×3（2 行 3 列）的数组，它可理解为定义了两个一维数组，即相当于 int a［0］［3］，a［1］［3］；这里把 a［0］，a［1］看作一维数组名。a［0］为第一行 a00 a01 a02；a1 为第二行 a10 a11 a12。

2.二维数组的引用格式

数组名［行下标表达式 1］［列下标表达式 2］

例如：a［2］［3］数组中"下标"可以是整型表达式，如 a［2－1］［2＊2－1］相当于 a［1］［3］。行下标的取值范围：0 到［行表达式 1］－1；列下标的取值范围：0 到［列表达式 1］－1。

3. 二维数组初始化

（1）按行分别赋值

例如：int a[3][4]＝{{1,2,3,4},{5,6,7,8},{9,10,11,12}};

（2）按行顺序赋值

例如：int a[3][4]＝{1,2,3,4,5,6,7,8,9,10,11,12};

（3）对部分元素赋值

例如：int a[3][4]＝{{1},{2},{3}};

等价于 int a[3][4]＝{{1,0,0,0},{2,0,0,0},{3,0,0,0}};

4. 二维数组的应用举例

有一个 2×3 阶矩阵,要求编程以求出其中最大的元素的值和所在的行号和列号

```
main()
{
    int i,j,row＝0;colum＝0;max;
    static int a[2][3]＝{{1,2,4},{-1,-6,5}};
    max＝a[0][0];
    for(i＝1;i>＝0;i-)
    for(j＝2;j>＝0;j-)
    if(a[i][j]>max)
      {
        max＝a[i][j];
        row＝i;
        colum＝j;
      }
    printf("max＝%d\n,row＝%d\n,colum＝%d\n",max,row,colum);
}
```

5.7.3　指向数组元素的指针

1. 定义一个指向数组元素的指针

例如：int a[10];　　　　　　　/* 定义数组包含 10 个元素 */

　　　int * p;　　　　　　　　/* 定义 p 为指向整型变量的指针变量 */

　　　p＝&a[0];　　　　　　　/* 给指针变量 p 赋数组的首地址,或用 p＝a;赋初值 */

　　　int * p＝&a[0];　　　　/* 在定义指针变量时赋初值,它与 int * p; p＝&a[0];
　　　　　　　　　　　　　　　　等价 */

也可以写成 int * p＝a;　　/* 它的作用是将 a 的首地址赋给指针变量 p,而不是 * p */

2. 通过指针引用数组元素

在上面已定义 p 为指针变量,并已赋值了一个首地址或指向某一个数组元素。

例如：已知 int a[10], * p＝a;

　　　　* p＝1;

　　表示 p 当前所指向的是数组元素 a[0]，赋值为 1，那么 p＋1 就指向数组的下一个元素，由于数组为整型，存贮时占用两个字节，所以 p＋1 就相当于使 p 的原值（地址）要加上两个字节的地址数值才指向下一个单元。

　　程序举例：

```
      ……
      /*数组名可以看作是指针类型，代表着该数组开头处的地址。直接将数组名赋给一个
         指向同类型的指针，即可用该指针来操作数组。以下以串口发送一个数组为例，
         data0_pc和 data1_pc 分别为长度为 5 个字节的数组 */
      char data0_pc[5] = {0};
      char data1_pc[5] = {0};
      char * pdata = data0_pc;
      ……
   if(command_pc_en)
   {
      if(command_pc==0)                  /* 串口中断服务程序下半部分 */
      {
         for(i=0;i<5;i++)
         SBUF = *(pdata+i);             /* 将待处理值 data0_pc 发送到 PC 机上 */
         delay(200);
      }
         else if(command_pc==1)
         {
            for(i=0;i<5;i++)
            SBUF = data1_pc[i];          /* 将待处理值 data1_pc 发送到 PC 机 */
            delay(200);
         }
      command_pc_en = 0;
   }
      ……
```

5.7.4　数组名作为函数的参数

　　数组名可以作为函数的形参和实参。函数调用时，实参内容可以是变量名，也可以是数组名，当使用变量名时，实参和形参的类型都是变量，实参和形参传递的信息是变量的值。而当数组名作函数的形参和实参时由于数组名代表了数组的起始地址，所以传递的值是数组的首地址，为了实现数组某元素值的传递，要求形参为指针变量。

　　使用下标法可以直观地表示出形参和实参的对应关系。而使用指针法，用户可以理解为有一个形参数组，它从实参数组那里得到一个起始地址，因为形参与实参数组共占用一段内存单元，在调用时，如果改变了形参数组的值（地址），也就改变了实参数组的值。

　　例如：10 个评委打分，满分 100 分，需要去掉一个最高分，一个最低分，将剩下的分数显示

出来。可编程如下：

```
#include <stdio.h>
extern serial_initial();
int max,min,i,j;          /* 全局变量 */

void max_min_value(int array[],int n)
{
    int * p, * array_end;
    array_end = array + n;
    max = min = * array;
    for(p = array+1;p<array_end;p++)
    if( * p>max){max = * p;i=p-arry;}
    else if( * p<min){min = * p;j=p-array;}
    return;
}


main()
{
    int k,number[10];
printf("enter 10 integer number:\n");
for(i=0;i<10;i++)
scanf("%d",&number[i]);
max_min_value(number,10);
printf("Delete:\nmax = %d, min= %d\n",max,min);
for(k=0;k<10;k++)
if(k|=max&&k|=min)
printf("Remain:\n%d", number[k]);
}
```

运行结果如下：

键入：85 96 94 89 87 78 88 83 89 98　　回车

结果：Delete：

max = 98, min =78

Remain：

85 96 94 89 87 88 83 89

5.7.5　字符数组与字符串

1.字符数组

字符数组中的元素是字符。

（1）它的定义形式如下：

　　　　char（数组名）［常量表达式］

　　例如：

　　　　char str［10］;　/ * 定义一个字符数组,名为 str,它由 10 个元素组成 * /

　　（2）字符数组初始化

　　　　char str［ ］＝{'a','b','c','d'};

　　/ * 定义的同时赋初值,并确定了数组长度为 4 * /

　　　　char a［13］＝{'I','　','L','O','V','E','　','C','h','i','n','a'};

　　　　/ * '　'中没有字符的为空格 * /

　　注:如果赋值中的数大于数组的初值长度,认为是语法错误。

　　赋值中的字符数少于数组的初值长度,左对齐,后空者自动定义为空字符'\0',例如:char str［5］＝{'a','b','c','d'},自动给 str［4］赋值'\0'。

　　2. 字符串

　　C 语言中没有直接提供字符串数据类型,因此必须通过字符数组处理字符串,并规定字符串结束符标志用"\0"表示。"\0"也是一个元素,赋字符串值又不能超过字符数组定义长度,所以定义时长度应该等于字符数加 1。

　　（1）字符串的初始化

　　例如:直接赋字符串值:char str［10］＝{"string"};习惯上写成 char str［10］＝"string";而后面的元素自动赋值'\0'。

　　例如：在执行过程中赋值：

　　　　char　a［10］;

　　　　scanf("％s",a);　　　/ * 赋字符串值不能超过 9 个 * /

　　　　prinf("％s",a);

　　3. 常用字符串处理函数

　　（1）字符串复制函数 strcpy( )

　　　　调用形式:strcpy(s1,s2)

　　将 s2 字符串的值拷贝到 s1 所指的存储空间中。

　　（2）字符串连接函数

　　　　调用形式:strcat(s1,s2)

　　将 s2 字符串的值连接到 s1 所指的字符串后面,并自动覆盖 s1 的"\0",合并为一个字符串。

　　（3）字符串长度函数

　　　　调用形式:strlen(s)

　　计算字符串的长度,不包括"\0"。

　　（4）字符串比较函数

　　　　调用形式:strcmp(s1,s2)

　　从左到右按 ASCLL 码值的大小比较两字符串,直到出现不同的字符或遇到'\0'为止。在字符串比较时,字符结束符'\0'也参与比较。

　　比较结果由函数值返回：

若字符串 1 等于字符串 2,函数值为 0。

若字符串 1 大于字符串 2,函数值是正整数。

若字符串 1 小于字符串 2,函数值是负整数。

例如:strcmp("Book","Boat"); /＊输出结果为:14＊/

5.8 结构体和共用体

数据类型分基本类型和构造类型,前面讲过的数组是属于构造类型,它的元素是属于同一个类型。而结构体又是另一种构造类型,它可以是不同类型的数据合成的有机整体,最为典型的例子如:对于一个考生的描述有:学号,姓名,性别,年龄,家庭住址等。这种将相互有联系的数据组合在一个结构中,称为结构体。C 语言中没有提供这种现成的数据类型库函数,必要时用户必须自己建立。

5.8.1 定义结构体类型的一般形式

struct   结构体名

{

  成员变量名 1;

  成员变量名 2;

  成员变量名 3;

  ……

  成员变量名 n;

};

这里所谓的定义实际上是给出了一个定义模型,在该模型中:struct 关键字是不可缺少的。它声明定义的是结构体类型;结构体名声明了这种结构体类型的变量名。在大括号{}中指出了它们的成员变量类型,最后一个"}"后的分号";"是不可缺少的。

例如:

```
struct student          /＊结构体名＊/
{
  int num[20];          /＊整形,学号 num ＊/
  char name;            /＊字符型,姓名 name ＊/
  char sex;             /＊字符型,性别 sex ＊/
  int age;              /＊整形,年龄 age ＊/
  float score;          /＊实型,分数 score ＊/
  char addr[30];        /＊字符型,家庭住址 addr ＊/
};
```

5.8.2 定义结构体类型变量

上节只定义了一个结构体类型的模型,在有了模型的基础上,可进一步定义一个实际的结构体变量名。

例如：

```
struct student              /*结构体名*/
{
    int   num[20];          /*整形,学号 num*/
    char name;              /*字符型,姓名 name*/
    char sex;               /*字符型,性别 sex*/
    int age;                /*整形,年龄 age*/
    float score;            /*实型,分数 score*/
    char addr[30];          /*字符型,家庭住址 addr*/
};
......
    struct student student1,student2;
......
```

在例中,首先定义了一个结构体类型 struct student,然后在后面程序中正式定义了两个结构体类型变量 student1 和 student2。

①对于变量 student1 和 student2,系统将给它们分配存储空间,而对 struct student 不分配存储空间。它仅仅是一种类型说明,也无赋值、运算输入输出功能。

另外在 C 语言中还有两种定义格式,但最常用的和习惯上仅用上述所讲的方法。后两种定义格式均有局限,在此不再赘述。

②注意,结构体成员也可以是一个结构体变量。结构体变量有三种存储种类,即外部 extern、静态 static 和自动 auto。

5.8.3　结构体变量的初始化

1. 初始化实际上是在定义结构体变量时同时给其赋值

例如：

```
struct student              /*结构体名*/
{
    int num[20];            /*整形,学号 num*/
    char name;              /*字符型,姓名 name*/
    char sex;               /*字符型,性别 sex*/
    int age;                /*整形,年龄 age*/
    float score;            /*实型,分数 score*/
    char addr[30];          /*字符型,家庭住址 addr*/
};
......
    struct student student1={2001, "Wang Wei","M",20,"Xi'an"};
    struct student student2={2002, "Li Yin","W",21,"Xi'an"};
......
```

2. 可单独给成员变量初始化

例如：student1. num＝2001

student2. score＝87

应将 student1. num 理解为一个整体赋值运算。因此,结构体中的成员可以单独使用,当它与程序中其他地方的 num 或 score 变量名相同时,二者并不代表同一对象,互相不干扰。student1. num 变量的作用和普通变量相同,也要占用内存,并具有赋值、运算输入输出功能。

5.8.4　结构体变量的引用

在结构体变量引用时应遵循下述原则。

(1)不能整体引用结构体变量进行输入输出和运算等。只能对结构体变量中各成员分别引用。当成员本身也是一个结构体变量时,也要遵循上面的方法,只能对低一级成员分别引用。

例如：printf｛"％d,％s,％c,％f,％s \n",student1,…｝；是错误的。

例如：printf｛"％d",student1. num｝；是正确的。

(2)对结构体变量成员可以进行按类型的各种运算。

例如：student2. score＝student1. score

sum＝student2. score＋student1. score

student1. age＋＋ 也应理解为对 student1. age 整体进行自加运算。

(3)可以引用结构体变量或者结构体成员变量地址。

例如：scanf("％d",＆student1. num)；　　/＊输入 student1. num 的值＊/

printf("％d", student1. num)；　　/＊输出 student1. num 的值＊/

结构体变量地址主要用于函数参数,传递结构体变量的地址。

例如：printf("％d",＆student1)；　　　　/＊输出结构体变量的首地址＊/

5.8.5　结构体数组

一个结构体变量表示了一组数据,如果用多个相同的结构类型表示多个结构体变量,就可以构成一个结构体数组。如前面介绍的,如果同样描述 30 个学生的情况,就要用到结构体数组。

1. 结构体数组定义的一般形式

struct 结构体名结构体数组名［大小］；

其中,struct 是关键字,结构体名是已定义过的,

［大小］是结构体数组元素的个数。

例如：struct student

｛

int num［20］；　　　　　/＊整形,学号 num ＊/

char name；　　　　　　/＊字符型,姓名 name ＊/

char sex；　　　　　　　/＊字符型,性别 sex ＊/

int age；　　　　　　　　/＊整形,年龄 age ＊/

float score；　　　　　　/＊实型,分数 score ＊/

```
        char addr[30];              /*字符型,家庭住址 addr*/
    };
    ......
    struct student stu[3]
    ......
```

该例的最后一句定义了一个 stu 数组。它含有 3 个元素,是 struct student 类型。也可以直接定义。

2.结构体数组的初始化

```
    struct student
    {
        int num[20];              /*整形,学号 num*/
        char name;                /*字符型,姓名 name*/
        char sex;                 /*字符型,性别 sex*/
        int age;                  /*整形,年龄 age*/
        float score;              /*实型,分数 score*/
        char addr[30];            /*字符型,家庭住址 addr*/
    };
    ......
```

例如：struct student stu[3]={{0540100,"Li hua",'f',18,86,"Wuhan"},{0540101,"Wang ming",'m',19,95,"Wuhan"},{0540102,"Zhao rei",'f',18,79,"Wuhan"}};

此结构体内容见表 5-10。

表 5-10　某几个学生的资料

	num	name	sex	age	score	address
stu0	0540100	Li hua	f	18	86	Wuhan
stu1	0540101	Wang ming	m	19	95	Wuhan
stu2	0540102	Zhao rei	f	18	79	Wuhan

3.结构体数组的应用

在结构体数组中的每个元素相当于一个结构体变量,可通过下标变量元素引用结构体中的成员。

引用格式为:结构体数组名[下标变量]成员名

例如：

```
    include<stdio.h>
    struct point
    {
        char name[12];
        char pressure;
        char temperature;
```

```
};
struct point p0[3]={{"/point",99,64},{"2point",10,20},{"3point",15,18}}
void main(void)
{
    char i;
    printf("NO. point pressure temperature\n");
    for(i=0;i<3;i++)
    printf("%d %s %bx %bx\n",i+1, po[i]. name,po[i]. pressure, po[i]. temper-
ature);
    while(1);
}
```

程序运行结果见表 5-11。

表 5-11

NO.	Point	Pressure	Temperature
1	1point	153	100
2	2point	16	32
3	3point	21	24

5.8.6 指向结构体类型的数据指针

结构体型变量的指针可以指向结构体变量的起始地址,也可以用来指向结构体数组中的元素。

1. 指向结构体变量的指针

结构体变量的指针定义格式为:

结构体类型名　*　指针变量名

对于结构体型指针,也必须赋值后才能引用。

例如:

```
#include <stdio. h>
#include <string. h>
int main()
{
    struct student
    {
        int num;
        char name[20];
        float score;
    };
    struct student stu1;
```

```
        struct student  *  p;
        p = &  stu1;
        stu1. num = 89101;
        strcpy(stu1. name,"lu,lu");
        stu1. score = 88.5;
        printf("No.：%1d\nname:%c\nscore:%f\n",stu1. num,stu1. name,stu1. score);
        printf("No.：%1d\nname:%c\nscore:%f\n",( * p). num,( * p). name,( * p).
score);
        printf("No.：%1d\nname:%c\nscore:%f\n", p—>num, p—>name,p—>
score);
        while(1);
        return;
    }
```

注：在 C 语言中,为了直观,常把(* p). num 改写成 p—>num,表示 p 指向结构体变量中的 num 成员。其中"—>"称为指向运算符。

p—>n,表示获得 p 指向结构体中成员 n 的值。

p—>n++,表示获得 p 指向结构体中成员 n 的值。执行后将 n 加 1。

++p—>n,等同于++(p—>n),表示先将 n 加 1,然后获得 p 指向结构体中成员 n 的值。

2. 应用结构体变量中的成员有三种等价形式

(1) 结构体变量.成员名

printf("No.：%1d\nname:%c\nscore:%f\n",stu1. num,stu1. name,stu1. score);

(2) (* p).成员名

printf("No.：%1d\nname:%c\nscore:%f\n",(* p). num,(* p). name,(* p). score);

(3) p—>成员名

printf("No.：%1d\nname:%c\nscore:%f\n", p—>num, p—>name,p—>score);

3. 指向结构体数组的指针

```
struct student
{
    int num;
    char name[20];
    float score
};
struct student stu[3] = {{11000,"zhang lu",85},{11001,"wang zheng",89},{11002,
"li ping",91}};
    int main()
    {
        struct student  *  p;
```

```
printf("No Name score \n");
for(p=stu;p<stu+3;p++)
printf("%5d—  20s  %2c  %4d\n",p->num,p->name,p->score);
return;
}
```

运行结果见表 5 – 12。

表 5 – 12

No.	Name	score
11000	zhang lu	85
11001	wang zheng	89
11002	li ping	91

注：①指针 p 被定义为指向 struct student 类型数据的变量，它只能指向该数据类型的起始地址（即 stu 数组的第一个成员的地址），而不是指向成员地址中的其他地址。

例：p= & stu[1]. name 是错误语句。因为前面定义的是 struct student 类型，而不是成员类型。

②指针变量进行加减运算时，会根据自己所指向的类型来进行增减。例如，当本例中的指向 student 的指针 p 加 1 时，它将直接跳过当前所指的 student 对象，由于定义的是一个数组，p 直接指向了数组中的下一个对象。

5.8.7　用结构体变量和指向结构体的指针作为函数参数

结构体变量的值传递给另一个函数有如下三种方法，其中第三种方法最为常用。

(1) 用结构体变量的成员作实参。

例如：用 stu[1]. num 或 stu[2]. name 作函数实参。

注：形参和实参类型应保持一致。

(2) 用结构体变量作实参。

(3) 用指向结构体变量或数组的指针作实参，传递结构体变量的地址给形参。

例如：将某学生的学号，姓名和 3 门课的成绩输出打印。

```
#include <stdio. h>
#include <reg51. h>
#define "FOMAT" %d\n %s\n %f\n %f\n
struct student
{
   int num;
   char name[20];
   float score[3];
};
struct student stu = { 01000,"lu lu",87,89,78.5};
```

```
int main()
{
    void print(struct student * );
    print(&stu);
    while(1);
    return;
}
    void print(struct student * p)
{
    printf(FOMAT,p—>num,p—>name, p—>score[0], p—>score[1], p—>
score[2]);
    printf("\n");
}
```

5.8.8 用 typedef 定义类型

在 C 语言中除了使用 C 语言提供的标准类型名(如 int、char 等)和自己声明的结构体、数组等外,还可以用 typedef 来定义新的数据类型名,替换已有的类型名。在使用 struct 结构体时,常用 typedef 来定义自己的数据类型。C 语言演化出的结构体是为了更好地封装数据,当用 typedef 将定义出的结构体封装成新的数据类型后,可以将它与 C 语言的基本数据类型(如 int、char 等)等同看待。

1. typedef 的结构

    typedef　待定义的数据结构　typename;

例如:将变量 num 定义为 16 位无符号整形变量。

    typedef　unsigned int uint_16;

    uint_16　num;

相当于 unsinged int num,一般在头文件中或者程序开头处预先进行 typedef。

定义数组时,如下面例子所示。

    typedef　int　ARR[10];

    ARR　a,b;

相当于定义了 int a[10],b[10];。

2. typedef 与 #define 的异同

typedef 和 #define 声明常用的类型,可以避免不同编译器编译时的差别,便于代码移植。#define 也可以用作类型定义,但是它仅仅是文字的替换。上例中,使用 #define 来定义时,如下:

    #define　uint_16　unsigned int

    uint_16　num;

与 typedef 方式相对比,#define 后的参数顺序是相反的。用 #define 定义后将使用其后面的第一段以空格为分界的代码来代替以后的所有代码。一般不在 #define 后面加上";",如果后面加上";"的话,在代码替换时";"会随着前面的代码一起进行替换,即使替换后语法正确,也不具有可读性。

typedef 在声明指针时,使用 typedef 可以使得意义比较明确。如下例:

　　　　uint_16 * pt1,pt2;

这个定义声明 pt1 为 uint_16 * 这样一个指针类型,pt2 却是 uint_16 类型的。有观点认为将 * pt1 看作一个整体即可,但如果在定义的时候赋值的话,例如:

　　　　uint_16 t1;

　　　　uint_16 * pt1 = t1;

　　　　uint_16 * pt2 = &t1;

编译后会发现,此时 pt1 会被赋成 t1 本身的值,当作指针调用会指向一个未知的区域,而 pt2 才是变量 t1 的地址。故只好将此定义看作是 uint_16 (* pt1),而赋值时是针对(uint_16 *) pt1 = &t1 来进行的。

当使用 typedef 后,如下例:

　　　　typedef　uint_16　*　puint_16;

　　　　puint_16　pt1,pt2;

此时定义的 pt1 和 pt2 都是 uint_16 * 这样一个指针类型,意义也非常明确。

3. typedef 定义结构体

当要声明一个 student 的结构体时,如果采用下面的方式,例如:

```
typedef struct
{
    int num;
    char name[20];
    float score[3];
} student;
```

那么在定义结构体变量时,可以省去 struct,直接写成如下形式:

　　　　student　stu1,stu2;

4. typedef 的注意事项

typedef 有利于程序的移植,它可以声明各种类型名,但不能自行定义变量。使用 typedef 重定义变量时,一般常用大写字母以区分系统自带的类型名。

5.8.9　共用体

在 C 语言中,对数据要求在使用前定义其数据类型,这样 C 语言编译器才能为不同变量分配不同的内存空间,但有些场合却又希望某些变量能共用一块内存,共用体(union)也是构造类型的数据结构,它也包含了多个不同类型的元素,但在任何时刻仅能分时存放该类型所包含的一个成员。

因此当共用体变量中包含两个类型的元素时,它所占用的存储空间是能够容纳下最大成员所需的空间。例如一个共用体中包含有 int 型和 char 型两个成员,C 编译器将给该共用体分配两个字节的内存空间。

1. 共用体(union)的定义

　　union　共用体类型名

　　{

　　　　成员列表；

　　} 变量列表；

例如：union data

　　　　{

　　　　　　float　i；

　　　　　　int　j；

　　　　　　char　k；

　　　　}a,b,c；

还可以使用以下方式来定义

　　union data

　　{

　　float　i；

　　int　j；

　　char　k；

　　}；

　　union data a,b,c；

　　可以看出，union 的定义方法与结构体(struct)非常类似。它们的区别在于数据结构中元素的内存地址分配有所不同。即结构体中的变量存放时地址是递增的，而共用体中变量的起始地址都是相同的。

2. 共用体变量的引用

定义 union 结构如下：

　　union data

　　{

　　float　i；

　　int　j；

　　char　k；

　　}；

　　　　union data a,b,c；

在后续程序中要使用变量 a、b、c 时，与结构体(struct)类似，可以采用如下方式：

　　printf("%f",a.i)；

注意：①必须指明 a 变量中的元素。而 printf("%f",a)；是错误的。

②如果执行下面两条语言

　　　　a.j = 100；

　　　　a.k=10；

则只有最后一次赋值有效。

3. 使用共用体的实例

既然所有的变量都是同一个地址,那么共用体到底有什么用呢? 下面来解决这个疑问。例如:在测量仪器中,通过面板进行参数设置,共有三组参数,范围是 0001—9999,存放在外部 EEPROM 中,上电后能调出使用。其结构如下:

```
typedef struct
{
    int amp;
    char name[6];
    float data;
} para;
para statu1;
```

现在要将 statu1 的数据存入 EEPROM,或者从 EEPROM 读出。需要将 statu1 以字节分割。可以通过使用 union,采用如下方式:

```
typedef struct
{
    int amp;
    char name[6];
    float data;
} para;
typedef union
{
    para statu;
    char dat[10];
} Ustatu;
Ustatu   statu1;
statu1. statu. amp = 11000;
statu1. statu. name = "lu lu";
……
int eeprom_sent()
{
……
XBYTE[0x7fd0] = stu1. dat[i];
……
}
```

由于使用了 union(共用体),便可将同一地址的数据当作不同的类型来进行操作。

5.9 枚 举

对于一些简单的数据结构,不值得使用结构体与共用体以及一堆宏定义时,可以考虑使用枚举类型。如定义一个星期：

　　typedef enum week {sun,mon,tue,wed,thu,fri,sat} weekday;

　　enum week d1;　　//d1 是声明的枚举类型的一个具体实现。是一个枚举变量

　　weekday　d2;　　//通过 typedef 定义的类型 weekday,用法同上

变量 d1 和 d2 可以且仅可以取枚举列表中的某一个值。如以下赋值语句：

　　d1 = sun;

　　d2 = wed;

　　引用时,默认初始值如下：

　　第一个 sun 为 0

　　第二个 mon 为 1

　　第三个 tue 为 2

　　……

　　第七个 sat 为 6

此外也可以通过初始化来指定某些项目的符号值,而之后的值以此递增。

如果第三个 tue 赋值为 10,则

　　第一个 sun 为 0

　　第二个 mon 为 1

　　第三个 tue 为 10

　　第四个 wed 为 11

依此类推。

5.10　MCS−51 内部资源的 C51 编程举例

5.10.1　定时/计数器的编程举例

　　定时/计数器可用汇编或 C 语言实现编程,无论使用汇编语言还是 C 语言,都需要对定时/计数器进行初始化操作,其步骤如下：

　　①把工作方式控制字写入 TMOD 寄存器中;

　　②把定时或计数初值装入 TLx、THx 寄存器中;

　　③置位 ETx 允许定时/计数器中断;

　　④置位 EA 使 CPU 开放中断;

　　⑤置位 TRx 以启动计数。

　　例 1：设定时/计数器 T0 为定时状态,工作于模式 1,定时时间为 2ms,每当 2ms 到申请中断,在中断服务程序中将累加器 A 的内容左环移一次送 P1 口,已知晶振频率为 6MHz。

　　C 语言程序：(将 TmpA 中的数据循环左移一次并送出 P1 口)

```
#include "reg51.h"
unsigned char TmpA = 0x01;
int main()
```

```
{
    TMOD = 0x01;                /*初始化 T0*/
    TL0 = 0x18;
    TH0 = 0xfc;
    ET0 = 1;                    /*初始化中断寄存器*/
    TR0 = 1;                    /*开定时器*/
    EA = 1;
    while(1);
    return;
}
void timer0() interrupt 1       /*定时器 0 中断服务程序*/
{
    unsigned char tmp;
    TL0 = 0x18;
    TH0 = 0xfc;
    P1 = TmpA;
    tmp = TmpA >>7;             /*TmpA 右移 7 位赋值于 tmp,本身未变,保证了
                                   tmp 的最低位是 TmpA 的最高位*/
    TmpA <<= 1;                 /*TmpA 左移 1 位*/
    TmpA |= tmp;         /*TmpA|tmp= TmpA,例如当 TmpA 原来为 10H 时,由
                            于上句左移一次变为 00H,本句中保证了 TmpA 为 01H*/
}                             /*C 语言中的中断是调用函数,自动返回主函数*/
```

例 2: 设定时/计数器 T0 工作于模式 2,TL0 为 8 位计数器,TH0 作为数据缓冲器,可自动再装入时间常数,产生 500μs 定时中断,在中断服务程序中把累加器 A 的内容减 1,然后送 P1 口显示。设晶振频率为 6MHz。程序编制如下:

C 语言程序:(将 TmpA 中的内容减 1,然后送 P1 口显示)

```
#include "reg51.h"
unsigned char TmpA = 0x01;
int main()
{
    TMOD = 0x02;                /*初始化 T0*/
    TL0 = 0x06;
    TH0 = 0x06;
    ET0 = 1;                    /*初始化中断寄存器*/
    TR0 = 1;                    /*开定时器*/
    EA = 1;
    while(1);
    return;
}
```

```
    void timer0() interrupt 1           /* 定时器 0 中断服务程序 */
    {
        TmpA －－;
        P1 = TmpA;
    }
```

例 3： 利用 GATE＝1,TRx＝1,只有 /INTx 引脚输入高电平时,Tx 才被允许计数,利用此,将外部输入正方波经 /INTx 引脚输入,如果将 TRx 事先置 1,作为预启动,当外输入上升沿到来时,定时器启动,当下降沿到来时,定时器停止计数,这时 CPU 读出计数值并乘以机器周期时间(晶振周期已知),得出正方波的宽度;用这种方法也可测出负方波宽度(硬件加入反相器)和同频率的相位差等。

C 语言程序：

```
    #include "reg51.h"
    unsigned int Temp = 0x00;
    int main()
    {
        TMOD = 0x09;                    /* 初始化,T0 工作于模式 1、定时、GATE 置 1 */
        TL0 = 0x00;
        TH0 = 0x00;
        while(P3^2);                    /* 等待 /INT0 低电平 */
        TR0 = 1;                        /* /INT0 为低时,开始计数 */
        while(! P3^2);
        while(P3^2);
        TR0 = 0;                        /* 关 T0 */
        Temp = TH0;
        Temp= Temp<<8
        Temp += TL0;                    /* 计算脉宽或送显示器显示 */
        ……
        while(1);
    return;   /* 由于主函数定义为 int 型的,从语法角度讲需要一个整形的返回值,未写
              明返回值一般默认返回 0。如果主函数声明为 void 型,则可不用 return */
    }
```

例 4： 设 T0 工作于模式 3,TL0 和 TH0 作为两个独立的 8 位定时器分别产生 $250\mu s$ 和 $500\mu s$ 的定时中断,使 P1.1 和 P1.2 产生 $500\mu s$ 和 $1000\mu s$ 的方波,设晶振频率为 6MHz,程序如下。

C 语言程序：

```
        #include "reg51.h"
        int main()
        {
            TMOD = 0x03;                /* 初始化 T0 */
```

```
        TL0 = 0x83;
        TH0 = 0x06;
        ET0 = 1;                    /* 初始化中断寄存器 */
        ET1 = 1;
        TR0 = 1;                    /* 开定时器 */
        TR1 = 1;
        EA = 1;
        while(1);
        return;
        }
   void timer0() interrupt 1        /* 定时器 0 中断服务程序 */
     {
        TL0 = 0x83;
        P1^1 = ~P1^1;
     }
   void timer1() interrupt 3
     {
        TH0 = 0x06;
        P1^2 = ~P1^2;
     }
```

5.10.2 串行口程序设计举例

设有甲、乙两台单片机,用调用子程序的方法编写如下串行单工通信功能的程序。

甲机发送:

从内部 RAM 单元 20H—25H 中取出 6 个 ASCII 码数据,在最高位加上奇偶校验位后经串行口发送。采用 8 位异步通信,加上起始和停止位共 10 位,传送波特率为 1200b/s(f_{osc} = 11.0592MHz)。

乙机接收:

接收机把接收到的 6 个 ASCII 码数据先检查奇偶校验,若传送正确,将数据依次存放在内部 RAM 区 20H—25H 单元中,若校验出错,则将出错信息"FFH"存入相应的单元。

单工通信流程如图 5-8 所示。

甲机:主程序

```
# include "reg51. h"
# define uchar unsigned char    /* 为通用起见,定义 uchar 和 uint 两种类型 */
# define uint unsigned int
uchar bdata tran[6] = {0x11, 0x55, 0xaa, 0x55, 0xaa, 0x11};
uchar i,j;
bit tmp = 0;                     /* 数据中间变量 */
void main( )
```

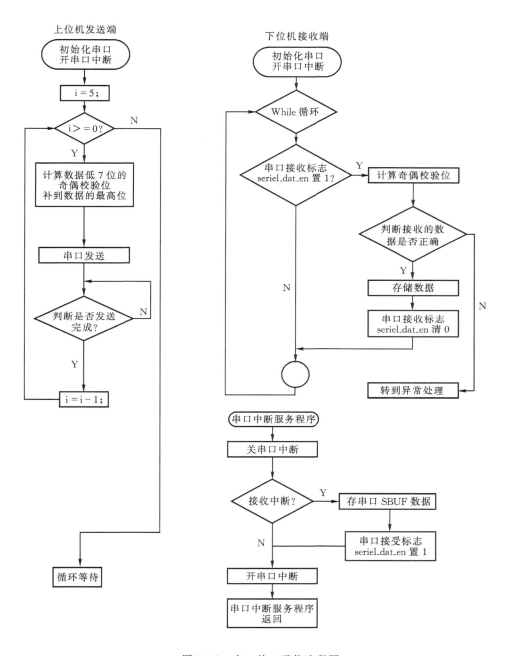

图 5 - 8　串口单工通信流程图

```
{                        /* 首先初始化单片机的部分寄存器 */
EA＝0;                    /* 初始化前先关闭总中断允许位 */
SCON ＝ 0x40;             /* 选择串口模式 1 */
TMOD ＝ 0x20;             /* 选择定时器 1 模式 2,可重装入模式 */
```

```
        TH1 = 0XE8;
        TL1 = 0XE8;              /* 配置波特率为 1200b/s,晶振 11.0592MHz */
        EA=1;                    /* 使能总中断允许位 */
        TR1=1;                   /* 开定时器 1 */
        for(i=5;i>=0;i-)         /* 5～0 是 6 个待发送的字节,高位先发,与后面的数组
                                    对应 */
        {
          tmp = 1;
          for(j=0;j<7;j++)       /* j=0～6 是一个字节的低 7 位,低位 j=0 */
            tmp ^=tran[i]>>j;    /* 按位异或求奇偶校验位 tmp 的最低位是校验的结果
                                    */
            tran[i] &= 0x7f;     /* 清奇偶校验位 */
            tran[i] |= tmp<<7;   /* 放到 tran[i] 的最高位 */
            SBUF = tran[i];      /* 发送 tran[i]数据,高位先发 */
          while(! TI);           /* 等待发送完毕,TI=1 跳出 */
        }                        /* 接着发送下一个,全部发送完后跳出 for 循环 */
        while(1);                /* 等待 */
}
```

乙机:主程序

```
#include "reg51.h"
#define uchar unsigned char     /* 为通用起见,定义 uchar 和 uint 两种类型 */
#define uint unsigned int
/* 给数组 tran[]赋初值,有赋值操作时,编译器一般会给为定义初值的地方赋 0,故此数
   可使数组 tran[]全为 0。这取决于编译器的设置,使用前应先查明 */
uchar bdata tran[6] = {0x00};
uchar seriel_dat_en = 0;        /* 接收使能标志 */
uchar seriel_dat = 0;           /* 数据中间变量 */
uchar j;
static uchar i = 5;
bit tmp = 0;
void main()
{
                                /* 首先初始化单片机的部分寄存器 */
        EA=0;                   /* 初始化前先关闭总中断允许位 */
        ES=1;                   /* 使能串口中断 */
        SCON = 0x52;            /* 选择串口模式 */
        TMOD = 0x20;            /* 选择定时器 1 模式 2,可重装入模式 */
        TH1 = 0XE8;
        TL1 = 0XE8;             /* 配置波特率为 1200b/s,晶振 11.0592MHz */
```

```
    EA=1;                    /* 使能总中断允许位 */
    TR1=1;                   /* 启动定时器 1 */
    while(1)                 /* 进入事件处理循环等待 */
    {
/* 前后台程序的典型写法,初始化结束后进入 while 循环等待,seriel_dat_en 为接收使
能标志,被置 1 时开始接收,接收完后在程序中清零 */
        if(seriel_dat_en)
        {
            /* 串口中断服务程序下半部分 */
            tmp = 1;               /* 根据接收到数据的低 7 位,来重新计算校验结果 */
            for(j=0;j<7;j++)
                tmp ^= seriel_dat>>i;
            if(tmp ! = serie_dat>>7)   /* 比较奇偶校验位 */
                error();               /* 奇偶校验出错,则跳转到出错处 */
            else
                tran[i--] = seriel&0x7f;   /* 将接收到的数据消去奇偶位存入数组 */
            seriel_dat_en = 0;
        }
    }
}
void uart() interrupt 4
{
    ES = 0;                  /* 关闭串口中断 */
    if(RI==1)                /* 判断接收到的中断标志位 */
    {
        /* 如果为接收中断则执行以下代码 */
        RI = 0;              /* 软件清接收中断标志位 */
        seriel_dat = SBUF;
        seriel_dat_en = 1;   /* 使能串口中断 */
    }
    ES=1;
}
void error()                 /* 出错,则跳转到这里 */
{
    ES=0;
    while(1);
}
    else if(TI==1)           /* 如果为发送中断则执行以下代码 */
    {
```

```
    TI = 0;                    /*软件清发送中断标志位*/
  }
  else
```
/*定义一个指向地址为 0 的函数,如果标志位未置位就进入,相当于复位功能,但各个寄存器的值都没有被初始化,不常使用,推荐看门狗或 CPU 自带的软件复位功能*/
```
  {  (*(void(*)())0)();    /*出错则 PC 值赋 0,复位 CPU*/
    ES=1;                    /*使能串口中断*/
  }
```

5.10.3 中断编程举例

```
#include "reg51"
void service_int0()
interrupt 0
{
......
}
void main (void)
{
  for(;;)
}
```

例 1: 当需要接多个中断源时,可通过硬件逻辑引入/INT 端,同时又连接到某 I/O 口,任何一个输入端引起中断后,可通过查询的办法识别正在申请的中断源。图 5-9 的线路可以实现系统的故障显示,当系统的各部分工作正常时,4 个故障源输入端全为高电平,显示灯全熄灭。只有当某部分出现故障,则对应的输入端由高电平变为低电平,从而引起 8031 中断,在中断服务程序中通过查询判定故障,并进行相应的灯光显示以告诉操作人员去处理,处理完后按复位按钮。

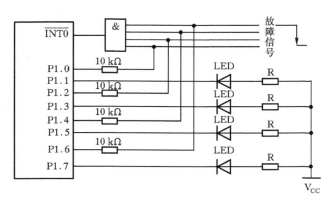

图 5-9 利用中断线路显示系统故障

```
#include  "reg51.h"
```

```
void main()
{
    P1 = 0xff;                    / * 灯全灭 * /
    IT0 = 0x01;                   / * 初始化 INT0 * /
    EX0 = 0x01;
    EA = 1;                       / * 开中断 * /
    while(1);
}
void int0() interrupt 0         / * 外部中断 0 中断服务程序 * /
{
    if(P1^0 == 1)
        P1^1=0;
    else if(P1^2 == 1)
        P1^3=0;
    else if(P1^4 == 1)
        P1^5=0;
    else if(P1^6 == 1)
        P1^7=0;
}
```

例 2:利用定时/计数器 T0 端作为外部中断源输入扩展的程序设计。编程要点是 TMOD 设置为计数工作模式,加 1 计数器初始值设定为 0FFH,外部只要有一个脉冲输入,加 1 计数器便溢出,并申请中断。

```
        # include "reg51. h"
void main()                     / * 初始化 Timer0,T0 方式 2、计数 * /
{
    TMOD = 0x06;
    TL0 = 0xff;
    TH0 = 0xff;
    ET0 = 1;                     / * 初始化中断 * /
    TR0 = 1;                     / * 启动定时器 * /
    EA = 1;
    while(1);
}
void timer0() interrupt 1       / * 定时器中断 0 中断服务程序 * /
{
    static unsigned char A = 0x55;
    A--;
    P1=A;
}
```

本章小结

　　本章以介绍 C—51 为目的，出发点是学生已学过的 C 语言程序设计。希望通过本章的学习，让学生进一步掌握 C—51 应用程序设计。为了照顾未学过 C 语言程序设计的读者，在本章对 C—51 及 C 语言的相关内容做了简单介绍，便于学生对常用基本内容的查阅。

本章的学习应重点掌握

　　(1) C 语句与程序设计；

　　(2) Keil51 编译器扩充的一些数据类型；

　　(3) Keil51 识别的存储器类型；

　　(4) 8051 特殊功能寄存器及其 C 51 定义；

　　(5) C 51 对中断服务函数与寄存器组的定义；

　　(6) MCS—51 内部资源，如定时/计数器、串行口、中断的编程实例；

　　(7) 指针变量与 Keil51 的指针类型，数组在 C 51 编程时的应用；

　　(8) 要使用 Keil51，必须建立其编程环境，学会调试方法（见附录 3）。

第6章 单片机系统的扩展

89C52本身就构成了一个单片机的最小系统,本章讲的系统扩展仅是功能扩展,例如:外部程序存储器的扩展,外部数据存储器的扩展,输出、输入接口的扩展等,从应用的角度对常用的串行口 RS—232 与 PC 机的通信给予介绍。对目前常用到的 SPI 总线、IIC 总线接口扩展等,作为进一步提高内容,放在单片机专题训练中介绍。

6.1　基于三总线的系统扩展

6.1.1　外部总线的扩展

由于 MCS—51 受到管脚的限制,没有对外专用的地址总线和数据总线,在进行对外扩展存储器或 I/O 接口时,需要首先扩展对外总线(局部系统总线)。

在 ALE 无效期间 P0 口传送数据,构成数据总线 DB。

P2 口输出地址高 8 位 A15—A8,而地址低 8 位则是在 ALE 的有效时刻,将 P0 分时输出的低 8 位地址值锁存到外部的 8D 锁存器输出,两者结合起来就构成了 MCS—51 系列单片机的地址总线 AB。

MCS—51 引脚中的输出控制线 $\overline{RD}$、$\overline{WR}$、$\overline{PSEN}$、ALE 等构成了外部控制总线 CB。MCS—51扩展的外部三总线示意图如图 6 - 1 所示。

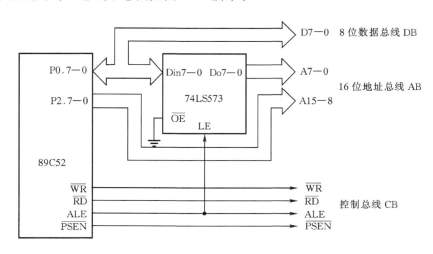

图 6 - 1　MCS—51 外部三总线示意图

在下面的几节中,将以图 6 - 1 所示的三总线为基础,同时扩展外部 64K 程序区、外部

32K 数据区、8 位并行输出口、8 位并行输入口和其他若干 I/O 口片选信号。

6.1.2　外部程序存储器的扩展

由于在 MCS−51 系列单片机的指令系统中,有三条专门指令将寻址分为独立的三个逻辑空间,其中 MOV 指令专门用于访问内部数据寄存器,MOVC 专门用于访问程序存储器,而 MOVX 专用于访问外部数据存储器和通用 I/O 口。三者地址在逻辑上互相独立,所以扩展外程序和外数据包括通用 I/O 就显的十分方便简捷。

89C52 内外程序存储器最大容量为 64K 字,随着芯片的容量增加,市场上有 8K 字、16K 字、32K～64K 字的产品,这些产品的价格相差甚微,所以在组成系统时尽量选容量大的芯片,例如:若系统需要小于 8K 字的程序存储器,可令$\overline{EA}=1$,就可直接选用 89C52 片内的程序存储器;若系统需要 32K～64K 字的程序存储器,可直接选用一片 27512。其连接如图 6−2 所示。

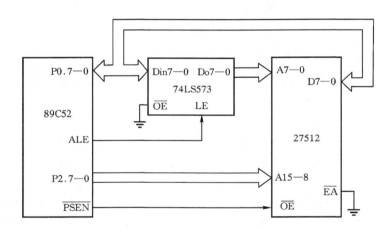

图 6-2　外部程序存储器的连接

图中 P2 口与 EPROM 的高 8 位地址线相连;P0 口经地址锁存器输出的地址线与 EPROM 的低 8 位地址线相连,同时 P0 口又与 EPROM 的数据线相连;单片机的 ALE 连接到锁存器的锁存控制端;$\overline{PSEN}$接 EPROM 的输出允许$\overline{OE}$端;AT89C52 的内、外存储器选择端$\overline{EA}$接地。

汇编编程时使用 MOVC 和 PC 或 DPTR 配合进行只读操作,其地址范围从 0000H 到 FFFFH。

C 语言编程时,声明全局变量时增加 code 关键字即可。如:unsigned char code dat[100] = {0};

程序举例:

汇编程序:

```
        MOV     DPTR,TABLE
        MOVC    A,@DPTR+A          ;取程序空间的 TABLE 表格的第一个值
```

对应的 C 语言实现:

```
unsigned char code TABLE[10] = {1,2,3,4,5,6,7,8,9.10};
......
void main()
{
    unsigned char i, tmp;
    for(i=0;i<10;i++)
        tmp = TABLE[i];      /* 依次取程序空间的 TABLE 表格的值 */
    ......
}
```

6.1.3　外部数据存储器的扩展

和程序存储器扩展类似,应该尽量选用一片芯片解决问题。但考虑到外部数据存储器和 I/O 外设总共占用一个 0—64K 寻址空间,对于一般外部数据存储器的扩展,可以选用一片 62256;地址范围:8000H—FFFFH。而地址范围:0000H—7FFFH 可以按照需要加局部译码器,译码产生相应的片选信号用于 I/O 外设。

数据存储器和程序存储器可以共用一片数据存储器,但是程序设计时必须加以区分,两部分地址不能重复,否则会造成冲突。数据存储器的扩展如图 6-3 所示,P2.7 取非之后连接到数据存储器的片选端,/PSEN 和/RD 信号相与之后做为数据存储器的输出使能信号,这样,当/RD 或/PSEN 任意一个有效时,均可以选通这个数据存储器。

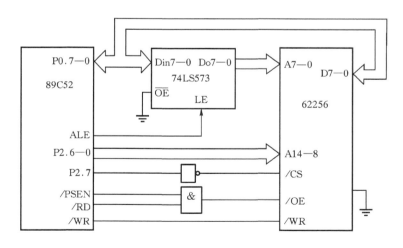

图 6-3　外部数据存储器的扩展

编程时使用 MOVX 和 DPTR 或 P2 口与 Ri 配合,即可对外部数据存储器进行读写操作。

例:　MOV　　　DPTR,♯8000H

　　　MOVX　　A,@DPTR　　　　　　;读

　　　MOVX　　@DPTR, A　　　　　;写

C 编程时,声明全局变量时增加 xdata 关键字即可。如:unsigned char xdata dat[100] = {0};

6.1.4　采用局部译码法产生 I/O 外设片选信号

要扩展 ADC、DAC、LED 或 LCD 显示器、键盘、微型打印机、输出口和输入口等外设,就必须由译码器分别产生各个外设所需的片选信号,通常采用局部译码法。例如:第一级采用一个三八译码器 74LS138 如图 6-4 所示,可以产生 8 个片选信号,由于 P2.7 接到 74LS138 的 G1 脚,所以地址范围分别是:

A15	A14	A13	A12	A11	A10	A9	A8	A7	A6	A5	A4	A3	A2	A1	A0
0	A14	A13	A12	×	×	×	×	×	×	×	×	×	×	×	×

/Y0 的寻址范围:0000H—0FFFH　　　　/Y1 的寻址范围:1000H—1FFFH

/Y2 的寻址范围:2000H—2FFFH　　　　/Y3 的寻址范围:3000H—3FFFH

/Y4 的寻址范围:4000H—4FFFH　　　　/Y5 的寻址范围:5000H—5FFFH

/Y6 的寻址范围:6000H—6FFFH　　　　/Y7 的寻址范围:7000H—7FFFH

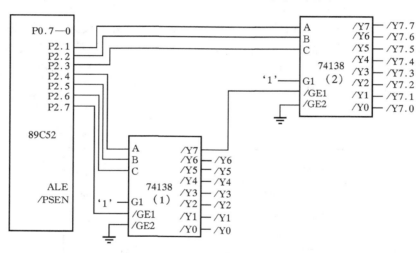

图 6-4　三八译码器输出地址

第二级采用三八译码器得到 8 个片选信号。这样外部数据存储器的扩展原理图如图 6-4 所示,由图中可知,右边三八译码器的输出分别是:/Y7.0、/Y7.1、⋯、/Y7.7 其寻址范围按照下表中 A11、A10、A9 的取值为 000、001、⋯、111 时可知:

A15	A14	A13	A12	A11	A10	A9	A8	A7	A6	A5	A4	A3	A2	A1	A0
0	1	1	1	A11	A10	A9	×	×	×	×	×	×	×	×	×

/Y7.0 的寻址范围:7000H—71FFH　　　　/Y7.1 的寻址范围:7200H—73FFH

/Y7.2 的寻址范围:7400H—F5FFH　　　　/Y7.3 的寻址范围:7600H—77FFH

/Y7.4 的寻址范围:7800H—F9FFH　　　　/Y7.5 的寻址范围:7A00H—7BFFH

/Y7.6 的寻址范围:7C00H—7DFFH　　　　/Y7.7 的寻址范围:7E00H—7FFFH

6.1.5　输入输出接口电路的扩展

在单片机内仅有 4 个并行口,如前所述,作为一个应用系统,通常 P0 口必然用于数据和低 8 位地址复用口,一旦地址线使用时超过 256 个字节,P2 口就只能用于高 8 位地址,即使有的引脚未用作地址线,也不能再作其他 I/O 口使用。当 P2 口不用作地址高 8 位时,可以定义为 I/O 口。P3 口通常用于第二功能,只有不使用的引脚才能位定义为 I/O 口,真正用于 I/O 口的只有 P1 口,当系统必须有更多的 I/O 口时,可采用简单的输入输出接口电路扩展如图 6 - 5 所示。

因为 CPU 经常工作在忙状态,它的速度最快,而外设速度比较慢,所以当需要向外设传送数据时必须经锁存器接口,CPU 将数据送到输出锁存器保存,然后又开始干其他事情,外设是从锁存器上获得数据,解决了 CPU 速度快和外设速度慢之间匹配的问题。

当 CPU 要读取外设送来的数据,只需选通三态缓冲器即可。

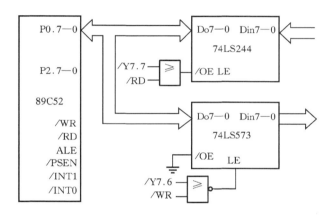

图 6 - 5　输入输出接口

当需要扩展输出口时,必须加 573 锁存;而扩展输入口时只需加三态门缓冲即可。例如,使用 6.1.4 节中的图 6 - 4 扩展地址。

/Y7.6 扩展输出口地址范围:7C00H—7DFFH

/Y7.7 扩展输入口地址范围:7E00H—7FFFH

编程时使用 MOVX 和 DPTR 或 P2 口和 Ri 配合,即可对系统扩展的 I/O 口进行操作。

例如:
```
MOV     DPTR,♯7FFFH
MOVX    A,@DPTR      ;读输入口
MOV     DPTR,♯7C00H
MOVX    @DPTR, A     ;写输出口
```

C 编程时,声明全局变量时增加 xdata 关键字,同时需要用指针强制指向所需要的地址。

例如:volatile unsigned char * pDatWr＝(volatile unsigned char *)0xfc00;

volatile unsigned char * pDatRd＝(volatile unsigned char *)0xfe00;

6.2　系统监控芯片的接口扩展

当单片机应用系统工作在强电磁干扰的环境下时,为了提高系统的抗干扰性能,保证系统工作正常。例如为了防止程序跑飞,通常加入所谓的硬件"看门狗"(Watch Dog)专用电路,配合用户编程,当发现程序跑飞时,由硬件复位使程序重新开始运行。

在单片机系统中,常对电源进行实时监控,以免电源由于各种原因出现失电或下降到单片机无法正常工作的状态,或者保证失电后内存数据不丢失。对于前者可监控电源在下降到门限值(例如对 MCS—51 常定为 4.8V 为正常供电的下限值)使显示报警或启动备用电源,例如使用干电池供电时可更换新电池或再充电。

目前市场上供应的系统监控芯片,一般都可以实现电源监控、"看门狗"、上电复位等功能。有的还具有实时时钟和 RAM 单元。这类芯片种类繁多,功能各异,现以常用的 MAXIM 公司提供的 MAX706 芯片为例说明其用法。

MAX706 的原理如图 6—6 所示,它能提供一个标准的 200ms 的复位信号,同时具有手动复位功能、"看门狗"复位功能和掉电检测功能;其中掉电检测功能是通过 10 kΩ 的电阻和 5.1 kΩ电位器调整分压比,使得在 V_{CC} 降至 4.8 V 时,分压输出使得 PFI 低于 1.25 V,PFO 输出低电平;由于 PFO 接到 P1.1 端,CPU 可以通过查询方式检测到电源电压降低的信息。"看门狗"复位功能是由用户程序定时小于 1.6s 通过向 P1.0 发射一个高/低脉冲,当程序跑飞时,将停止发射脉冲,硬件立即发出 Reset 复位信号。

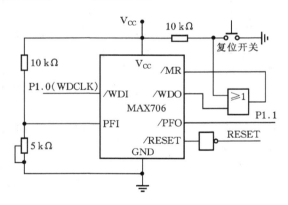

图 6—6　"看门狗"复位电路

6.3　PC 机与 MCS—51 之间的串行通信

PC 机与 MCS—51 之间的通信常用于集散式测控系统中,PC 机作为上位机,MCS—51 系统作为下位机,二者之间采用 RS—232 标准串行通信接口。另外,在调试单片机系统时也利用 PC 机将编好的程序进行编译,仿真调试后通过 RS—232 标准串行通信接口写入单片机的程序存储器中运行。本节介绍常用的 PC 机与单片机串行通信接口和编程。

RS—232C 是美国电子工业协会 EIA 公布的串行通信标准,最初主要应用在公用电话网上,采用调制解调器(MODEM)进行远距离传输。现在的 PC 机均配有 RS—232C 接口,而大多数采用全双工最简系统连接,如图 6-7 所示。

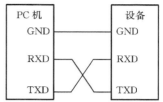

1. RS—232C 标准串行接口总线规范

RS—232C 规定:在负载为 3 kΩ～7 kΩ 时

逻辑"0":＋5 V～＋15 V,逻辑"1":－5 V～－15 V。

接收器的输出检测电平为,逻辑"0":大于＋3 V,逻辑"1":小于－3 V 的负逻辑,噪声容限为 2 V。

图 6-7　全双工最简系统连接

2. PC 与 MCS—51 的电平匹配与接口连线

计算机的串行接口通过 9 针接插件引出,如图 6-8(b)所示。

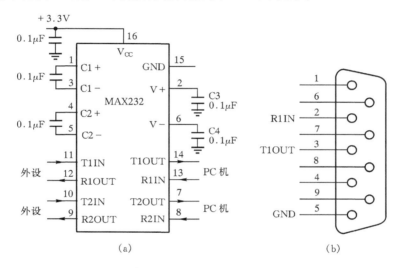

图 6-8　串行接口电平匹配与 9 针接插件引出

　　由于 MCS—51 使用的是正逻辑的 TTL 电平,为了达到电平匹配,在 MCS—51 组成系统板上的 RS 口必须经电平转换后输出,可使用 MAX232ECA、SP3232ECA 等芯片。例如在 MAX232ECA 芯片中包含有两套相同的收发电平转换通道,如图 6-8(a)所示,这里仅以通道 1 为例,设计 PC 机与 MCS—51 的串行通信接口。MCS—51 的 TXD 端接芯片的 T1IN 端,芯片的 T1OUT 端接 PC 的接插件(第 3 端);RXD 端接芯片的 R1OUT 端,芯片的 R1IN 接 PC 的接插件(第 2 端);接插件的 GND(第 5 脚)接至芯片的 GND。图中芯片的五个 0.1 μF 电容,属于电磁兼容的辅助设计。

3. 单片机与 PC 机的串行口编程

　　在本例程序中,PC 机可以使用 LabVIEW 等高级软件编程,单片机 89C52 使用 C—51 编程,89C52 根据 PC 机指令将待处理的数据发送到 PC 机上以供分析处理。假定传输数组为 unsigned int　data0_pc[]＝{1,2,3,4,5}, data1_pc[] ＝ {6,7,8,9,10},单片机串口通信 C 语言编程如下,其编程流程图如图 6-9 所示。

　　单片机串口通信 C 语言编程如下:

　　♯ include "reg51. h"

　　♯ define uchar unsigned char　　　/ ＊ 为通用起见,定义 uchar 和 uint 两种类型 ＊/

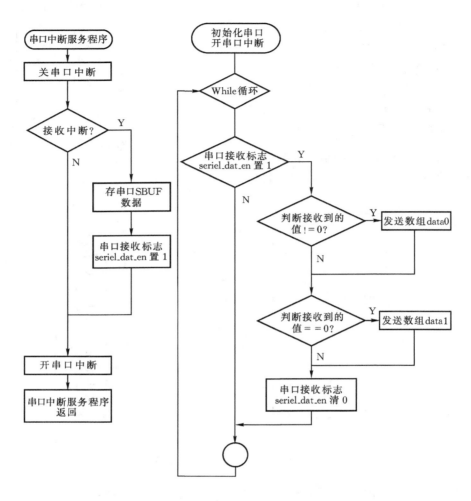

图 6-9　单片机串口通信 C 语言编程流程图

#define uint unsigned int

uint data0_pc[]= {1,2,3,4,5}, data1_pc[] = {6,7,8,9,10};
uchar command_pc,i;
bit command_pc_en = 0;

void delay(unsigned long n)　　　　　　　/*延时函数*/
{
　　unsigned long t;
　　for(t=0;t<n;t++)
　　{_nop_( );}
}

```
void main( )
{
/* 首先初始化单片机的部分寄存器 */
    EA=0;                           /* 初始化前先关闭总中断允许位 */
    ES=1;                           /* 使能串口中断 */
    SCON = 0x50;                    /* 选择串口模式 1,主从式通信 */
    TMOD = 0x20;                    /* 选择定时器 1 模式 2,可重装入模式 */
    TH1 = 0xFD;
    TL1 = 0xFD;                     /* 配置波特率为 9600,晶振 11.0592M */
    EA=1;                           /* 使能总中断允许位 */
    TR1=1;                          /* 开定时器 1 */
    while(1)                        /* 进入事件处理循环等待 */
    {
        if(command_pc_en)
        {
            if(command_pc)          /* 串口中断服务程序下半部分 */
            {
                for(i=0;i<5;i++)
                SBUF = data0_pc[i];  /* 将待处理值 data0_pc 发送到 PC 机上 */
                delay(200);
            }
            else
            {
                for(i=0;i<5;i++)
                SBUF = data1_pc[i];  /* 将待处理值 data1_pc 发送到 PC 机 */
                delay(200);
            }
            command_pc_en = 0;
        }
    }
}
void uart( ) interrupt 4
{
    ES=0;                           /* 关闭串口中断 */
    if(RI==1)                       /* 判断接收到的中断标志位,接受完毕 */
    {
    /* 如果为接收中断则执行以下代码 */
        RI = 0;                     /* 软件清接收中断标志位 */
        command_pc = SBUF;
```

```
        command_pc_en = 1;
    }
  ES=1;
}
```

本章小结

本章简要地讲述一个最简单的系统扩展方法,其是 6.1 节和 6.2 节要求全面掌握。

(1) 在 ALE 无效期间 P0 口传送数据,构成数据总线 DB。

P2 口输出地址高 8 位 A15—A8,而地址低 8 位则是在 ALE 的有效时刻,将 P0 口分时输出的低 8 位地址值锁存到外部的 8D 锁存器输出,两者结合起来就构成了 MCS－51 系列单片机的地址总线 AB。

MCS－51 引脚中的输出控制线 $\overline{RD}$、$\overline{WR}$、$\overline{PSEN}$、ALE 等构成了外部控制总线 CB。

(2) 在外程序存储器扩展时,P2 口与 EPROM 的高 8 位地址线相连;P0 口经地址锁存器输出的地址线与 EPROM 的低 8 位地址线相连,同时 P0 口又与 EPROM 的数据线相连;单片机的 ALE 连接到锁存器的锁存控制端;$\overline{PSEN}$ 接 EPROM 的输出允许 $\overline{OE}$;AT89C52 的内、外存储器选择端 $\overline{EA}$ 接地。

汇编编程时使用 MOVC 和 PC 或 DPTR 配合进行只读操作,其地址范围从 0000H 到 FFFFH。C 语言编程时,声明全局变量时增加 code 关键字即可。如:unsigned char code dat[100] ＝ {0}。

(3)外部数据存储器的扩展与程序存储器扩展类似,/RD 与 /OE、/WR 与 /WR 连接。

编程时使用 MOVX 和 DPTR 或 P2 口与 Ri 配合,即可对外部数据存储器或 I/O 口进行读写操作。例

```
MOV DPTR, #7000H        ;赋要读写的地址值
MOVX A, @DPTR           ;读
MOVC @DPTR, A           ;写
```

C 编程时,声明全局变量时增加 xdata 关键字即可。如:unsigned char xdata dat[100] ＝ {0}。

(4) 使用三八译码器,可通过地址总线采用局部译码获取片选信号。能根据三八译码器的输入和控制信号写出 /Y0—/Y7 的寻址范围。

(5) 当需要扩展输出口时,必须加 573 锁存;而扩展输入口时只需加三态门缓冲即可。

编程时使用 MOVX 和 DPTR 或 P2 口和 Ri 配合,即可对系统扩展的 I/O 口进行读写、操作。

(6) 接口的三要素:电平匹配、负载能力和传输速度问题。

第7章 单片机基本接口与应用

本章主要介绍,在以单片机为核心组成的常用测控系统设计中最基本的环节:人机对话的显示器与键盘接口设计;输入通道 A/D 与输出通道 D/A 的接口设计;开关量的输入/输出接口设计。本章的学习重点应掌握设计方法和思路,尽量选用功能强大和使用方便的新器件,学会使用数据手册保证设计正确。

7.1 LED 显示器与键盘

7.1.1 LED 显示原理

1. LED 显示器

LED 显示器是由发光二极管组成显示字段的器件。通常的 8 段 LED 显示器是由 8 个发光二极管组成(包括小数点),如图 7-1(c)所示。

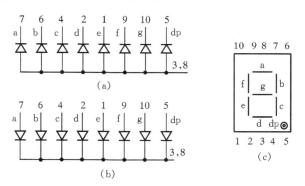

图 7-1 8 段 LED 显示器外形、管脚及原理图
(a) 共阳极;(b) 共阴极;(c) 管脚配置

LED 显示器分共阳极和共阴极两种。若共阳极 LED 显示器的公共端(3、8 通常称为位线)为高电平时,而 a 端(7 脚称为段线)又为低电平时,a 段发光二极管发光,如图 7-1(a)所示;同理,若共阴极 LED 显示器公共端(3、8)接低电平时,a 端(7 脚)又为高电平时,a 段发光二极管发光,如图 7-1(b)所示。当 LED 显示器每段的平均电流为 5mA 时,就有较满意的亮度,一般选择 5mA~10mA 电流;位线的电流应选择 40mA~80mA。

2. 段选码和位选码的定义

假定数码管为共阴极,分别通过表 7-1 和表 7-2 说明定义段选码和位选码方法。
/ * 定义 LED0-9 的显示 * /

uchar LedSig[10]＝{0x3f,0x06,0x5b,0x4f,0x66,0x6d,0x7d,0x07,0x7f,0x6f};
//定义 LED 分别为 P,d,L,F,U,H,C,´´,.,u 的显示,
uchar LedLet[10]＝{0x73,0x4f,0x38,0x71,0x3e,0x76,0x39,0x00,0x80,0x1c};

表 7-1　段选码定义

D7	D6	D5	D4	D3	D2	D1	D0	
dp	g	f	e	d	c	b	a	字显示
0	0	1	1	1	1	1	1	0H
0	0	0	0	0	1	1	0	1H
1	1	1	1	1	1	1	1	9.H
0	1	1	1	0	0	1	1	P
0	0	1	1	1	1	1	0	U
0	0	0	0	0	0	0	0	SPACE
0	0	0	1	1	1	0	0	u

表 7-2　位选码定义

D7	D6	D5	D4	D3	D2	D1	D0	
1	1	1	1	1	1	1	0	选第 0 位
1	1	1	1	1	1	0	1	选第 1 位
1	1	......						......
1	1	0	1	1	1	1	1	选第 5 位

3. LED 显示器的显示方式

LED 显示器的显示方式有静态和动态两种。在静态显示中,各个字段连续通过电流,而动态显示的字段是断续通过电流的。在动态显示中,逐次把所需显示的字符显示出来;在每点亮一个数码显示器之后,必须持续通电一段时间,使之发光稳定,然后再点亮另一个显示器,如此巡回扫描所有的显示器。虽然在同一时刻只有一个显示器通电,但人的视觉为每个显示器都在稳定地显示。

7.1.2　LED 显示器与 MCS-51 的接口实例

例如 6 位共阴极 LED 显示如图 7-2 所示,有 8 根位选线和 8×8 根段选线。由段选线控制字符的选择,而位选线有效时,控制该显示位的点亮。

图中,接入 8×510 Ω 阻排是为了增强驱动能力,当 573 输出为低电平时,阻排各电阻中流过的电流灌入 573 的输出端,显示器不被点亮,当 573 输出高电平时,位选为低电平的显示器被点亮,通常显示二极管点亮时,压降为 1.6 V 左右,加上 1413 的低电平 0.3 V,使 573 的输出被嵌位在 2 V 左右,而电流则是由 573 的输出电流和阻排电流共同供给,约 6 mA。这样接法比较实用,阻排接入也比较简单。如果将 74LS573 换成 74HC573,阻排也可以不接。因为

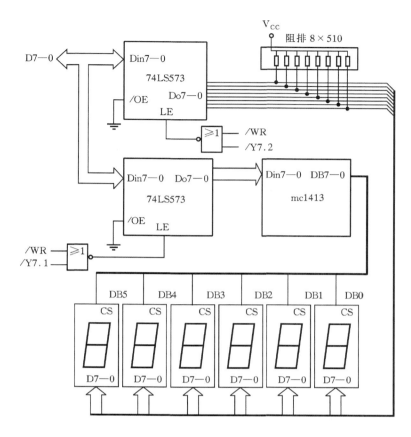

图 7-2　8 段 LED 显示接口

74HC573 的高电平输出基本就可提供 6mA 的拉电流。如果不想让 573 的逻辑电平下降到 2 V 左右,而保持到 3 V 以上,则应采用串入电阻后接三极管射级跟随的方法驱动。

7.1.3　独立式键盘控制电路

键盘的结构形式通常有两种,即独立式键盘和矩阵式键盘。独立式键盘(非编码式)硬件电路如图 7-3 所示。当按下键盘时产生一个电平变化(通常为低电平),向 CPU 申请中断,或通过 I/O 口采用程序查询方式,检测按键是否按下;当 CPU 确认键盘按下时,程序转向执行按键功能。这种键盘的各个按键相互独立,状态互不影响;该键盘使用方便,编程简单,但在按键数较多时硬件电路复杂,占用 CPU 的资源较多,因此常用于按键个数较少的场合。

矩阵式键盘(编码式)常用于按键个数较多的场合,它的按键位于行、列的交叉点上。按键的作用只是使相应接点接通或断开,被按按键在行列中所在的接点配合相应程序可产生键码。矩阵式键盘的硬件电路简单,较为常用,有关矩阵式键盘可参考 8279 芯片说明。

按键属于电平开关,在按按键时总会有抖动。因此,在按键抖动期间 CPU 扫描键盘必然会得到错误的信息,常用的解决办法是:在硬件方面可在按键两端加滤波电容(如图中的 0.1 μf 电容)或选用逻辑开关;在软件方面可设置一定的延时(通常 20ms 左右),使按键按下延时稳定后 CPU 再读入键值。

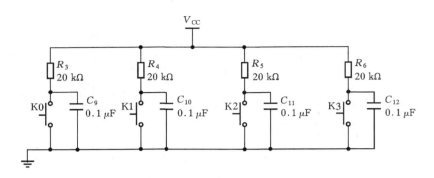

图 7-3 独立式键盘电路的原理图

例：①定义 K0 为"选项键"，K1 为"上调键"，K2 为"下调键"，K3 为"确定键"。"选项键"用来确定该次键入的参数含义，按下 K0 键，后 3 位将显示一个给定数或上一次键入的数，此时利用"上调键"和"下调键"调整到所需要的给定值。按下"确定键"表示确认。

②每当某个键按下时，CPU 检测到后，调用相应键处理子程序实现该键的功能。

7.1.4　键盘与显示编程举例

例：单片机的晶振频率为 6MHz。设 K0 键与 P1.0 相接，低电平有效；K1 键与 P1.1 相接，低电平有效。显示接口如图 7-2 所示，要求当按下 K0 键时，显示器动态 6 位闪烁显示数字"8"，当闪烁三次后，最高位显示"p"，然后延时两秒后熄灭，等待按键按下。

当按下 K1 键时，数码管从高到低依次显示 1、2、3、4、5、6，延时两秒后，熄灭显示，重新等待按键按下。

汇编程序如下：

```
BITADDR    EQU 7200H        ;定义位选地址
SEGADDR    EQU 7400H        ;定义段选地址
DISBUF     EQU 50H          ;定义显示缓冲区
ORG        8000H            ;定义程序起始地址
;————————————————
;初始化 R0～R2 寄存器
;————————————————
LP:
    MOV R0, #DISBUF          ;将 DISBUF 的内容赋值给 R0 寄存器
    MOV R1, #00H             ;给 R1～R5 寄存器赋值
    MOV R2, #03H
    MOV R3, #DFH             ;预置 DFH 到寄存器 R3，由 R3 移位获得仅有一位点亮
    MOV R4, #06H
    MOV R5, #00H
    SETB P1.0               ;将 P1.0 和 P1.1 置为高
    SETB P1.1
```

```
    ACALL NODIS              ;执行熄灭 LED 的子程序 NODIS
    JNB P1.0,LOP             ;若 P1.0 为 0(即 K0 键按下),则程序跳转到 LOP
    JNB P1.1,LTP             ;若 P1.1 为 0(即 K1 键按下),则程序跳转到 LTP
    SJMP LP
;————————————————————
;测试 LED 闪烁"8"的程序模块 LOP
;————————————————————
LOP:
    MOV A,♯FFH              ;将'8.'的段码值赋给 A 累加器
    MOV DPTR,♯SEGADDR       ;通过指针 DPTR 将 A 中的值传给段选 SEGADDR
    MOVX @DPTR,A
    MOV DPTR,♯BITADDR       ;将 R1 寄存器的值传给位选 BITADDR,将 6 位 LED 同
                              时点亮
    MOV A,R1
    MOVX @DPTR,A
    ACALL NODIS              ;调用指令熄灭 6 位 LED
    ACALL DELAY1             ;延时
    DJNZ R2 LOP             ;闪烁三次后,执行后一条指令
    MOV A,♯73H              ;将'P'的段码值赋给 A 累加器
    MOV DPTR,♯SEGADDR       ;通过指针 DPTR 将 A 中的值传给段选 SEGADDR
    MOV @DPTR,A
    MOV DPTR,♯BITADDR       ;将 R3 寄存器的值传给位选 BITADDR,将第 6 位 LED
                              点亮
    MOV A,R3                ;位选 DFH,仅点亮最高位
    MOVX @DPTR,A
    ACALL DELAY2            ;延时
    ACALL NODIS              ;熄灭 LED
    SJMP LP
;————————————————————
;动态显示 1,2,3,4,5,6 的程序模块 LTP
;————————————————————
LTP:
    MOV R0,♯BISBUF
    MOV A,@R0               ;将 DISBUF 的内容赋给累加器 A
    MOV DPTR,♯TABLE         ;通过指针 DPTR 将表 TABLE 中的码值存放在 DISBUF 中
    MOVC A,@A+DPTR
    MOV DPTR,♯SEGADDR       ;通过指针 DPTR 将 DISBUF 的值传给段选 SEGADDR
    MOVX @DPTR,A
    INC R0                  ;将 DISBUF 地址加 1,以便读取 TABLE 表中的下一位
```

```
                                    段码
    MOV DPTR，＃BITADDR        ;通过指针 DPTR 将寄存器 R3 中的值传给位选 BITAD-
                                    DR,将第六位 LED 点亮
    MOV A，R3
    MOVX @DPTR，A
    RR A                          ;累加器循环右移,使得 LED 等循环点亮
    MOV R3，A
    ACAll DELAY1
    DJNZ R4，LTP
    ACALL DELAY2
    ACALL NODIS               ;熄灭 LED
    SJMP LP
;——————
;熄灭 LED
;——————
NODIS：
    MOV DPTR，＃BITADDR        ;将 FFH 传给位选 BITADDR,使得 LED 熄灭
    MOV A，＃FFH
    MOVX @DPTR，A
    RET
;——————————————————————
;延时模块 DELAY1 延时 256ms,DELAY2 延时 2s
;——————————————————————
DELAY1：MOV A,＃0A6H
LOOP：   DEC A
        JNZ LOOP
        DJNZ R5,DELAY1
        RET
DELAY2：CALL DELAY1
        MOV R7,＃08H
        DJNZ R7,DELAY2
        RET
;——————
;LED 显示段码
;——————
TABLE：DB 06H,5BH,4FH,66H,6DH,7DH ;1～6 对应的段码值
    END
```

7.2　显示与键盘控制器 7289A 芯片介绍

7.2.1　7289A 芯片简介

7289A 是具有 SPI 串行接口功能的显示键盘控制芯片,它可同时驱动 8 位共阴极数码管和 64 个键的键盘矩阵。

1.7289A 键盘控制器

7289A 的引脚说明见表 7 - 3。

表 7 - 3　键盘控制器 7289A 的引脚说明

引　脚	名　称	说　明
1,2	RTCC,V_{CC}	接＋5V 电源
3,5	NC	空脚(未定义)
4	GND	接地
6	$\overline{CS}$	片选:低电平有效
7	CLK	同步时钟输入端:上升沿有效
8	DATA(DIO)	串行输入/输出端:当 CPU 写显示值时,引脚为输入端;当 CPU 读取键盘值时,引脚为输出端
9	$\overline{KEY}$	按键有效输出端:低电平有效
10—16	SG—SA	段 g—a 驱动输出
17	DP	小数点驱动输出
18—25	DIG0—DIG7	共阴极数码管的驱动输出
26	CLK0	振荡输出端
27	RC	RC 振荡器的输出端
28	$\overline{RST}$	复位端

2.控制指令

7289A 的控制指令分为两类:8 位宽度的单字节指令(控制指令)和 16 位宽度的双字节指令。

①单字节指令　见表 7 - 4。

表 7 - 4　单字节指令

名称	代码	注释
复位指令	A4H	将所有的显示包括所有设置的字符消隐闪烁等一起清除
测试指令	BFH	使所有的 LED 全部点亮并处于闪烁状态,判断 LED 是否正常工作
左移指令	A1H	显示向左移动 1 位(包括消隐状态的显示位),但对各位所设置的消隐及闪烁属性不变。移动一次后最右边 1 位为空(无显示)
右移指令	A0H	与左移类似,但所做移动为自左向右,移动一次后最左边 1 位为空
循环左移	A3H	与左移指令不同之处在于移动后原最左边 1 位的内容显示于最右边
循环右移	A2H	与循环左移指令类似,移动方向相反

②双字节指令　写数据且按方式 0 :高字节操作码为"$10000a_2a_1a_0$",其中 a_2、a_1、a_0 为位地址;低字节格式为"$DP\times\times\times d_3d_2d_1d_0$",其中 d_3、d_2、d_1、d_0 为段码,译码方式见表 7 - 5。

表 7 - 5　写数据按方式 0 译码

1000	$0a_2a_1a_0$	显示位		$DP\times\times\times$	d_3-d_0	LED7 段显示
1000	0000	0		$0\times\times\times$	0H—9H	0—9
1000	0001	1		$0\times\times\times$	AH	—
1000	0010	2		$0\times\times\times$	BH	E
1000	0011	3		$0\times\times\times$	CH	H
1000	0100	4		$0\times\times\times$	DH	L
1000	0101	5		$0\times\times\times$	EH	P
1000	0110	6		$0\times\times\times$	FH	无显示
1000	0111	7				

写数据且按方式 1,高字节操作码为"$11001\ a_2a_1a_0$",其中 a_2、a_1、a_0 为位地址,具体分配参照表 7 - 6;低字节译码,显示字符与十六进制相对应,见表 7 - 6。

表 7 - 6　写数据按方式 1 译码

1100	$1a_2a_1a_0$	显示位		$DP\times\times\times$	d_3-d_0	LED7 段显示
1100	1000	0		$0\times\times\times$	0H—9H	0—9
1100	1001	1		$0\times\times\times$	AH	A
1100	1010	2		$0\times\times\times$	BH	B
1100	1011	3		$0\times\times\times$	CH	C
1100	1100	4		$0\times\times\times$	DH	D
1100	1101	5		$0\times\times\times$	EH	E
1100	1110	6		$0\times\times\times$	FH	F
1100	1111	7				

③其他指令

● 闪烁控制。双字节指令,控制各个数码管的闪烁属性。高字节操作码为"88H",低字节为数据位"d_7—d_0"分别控制第 8 个到第 1 个数码管是否闪烁,0 为闪烁,1 为不闪烁,开机后默认不闪烁。

● 消隐控制。双字节指令,控制各个数码管的消隐属性。高字节操作码为"98H",低字节与段闪烁的低字节相同,1 为显示,0 为消隐。

④读键盘指令

双字节指令。高字节操作码为"15H",低字节操作数为"d_7—d_0",表示 7289A 返回的按键代码,其范围是 0—3FH(无键按下时为 0Xff)。

3. 7289A 采用串行方式 SPI 总线与微处理器通信

串行数据从 DATA 引脚送入芯片,并由 CLK 端同步。当片选信号变为低电平后,DATA 引脚上的数据在 CLK 引脚的上升沿被写入 7289A 的缓冲寄存器。操作时序如图 7 – 4 所示。

单字节指令 8 位指令高位在前

16 位:高 8 位指令高位在前,低 8 位数据高位在前

16 位:高 8 位键盘指令高位在前,低 8 位键盘代码高位在前

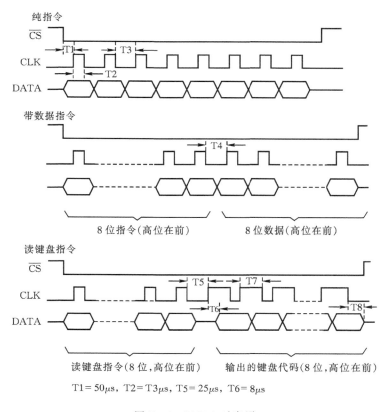

T1= 50μs, T2= T3μs, T5= 25μs, T6= 8μs

图 7 – 4　7289A 时序图

7.2.2　7289A 与 AT89C52 接口电路

7289A 的典型应用如图 7-5 所示。在实际电路中,无论接不接键盘,电路中连接到 7289A 各段上的 8 个 100 kΩ 下拉电阻均不可省去。如果不接键盘而只接显示器,可省去键盘控制的 8 个 10 kΩ 电阻;若仅接键盘而不接显示器,可省去串入 DP 及 SA—SG 连线的 8 个 220Ω 电阻。

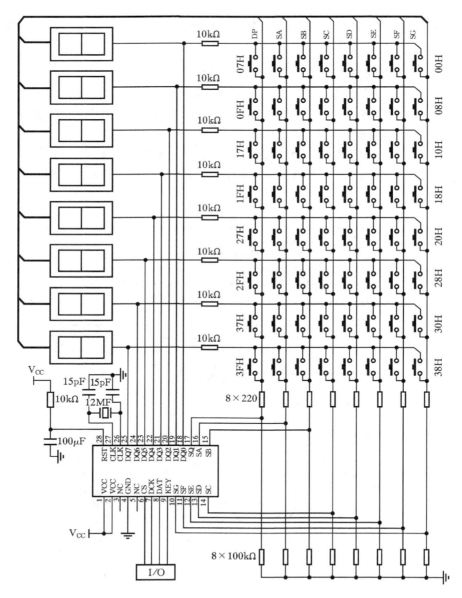

图 7-5　7289A 典型应用电路

7289A 需要外接晶体振荡电路。其典型振荡频率 $f=16\text{MHz}$,取 $C=15\text{pF}$。当芯片工作不正常时,先检查振荡电路。在印刷电路板布线时,所有元件,尤其是振荡电路的元件应尽量靠近 7289A,并尽量使电路联线最短。

复位端$\overline{\text{RST}}$可以连接外部复位电路,或直接由 MCU 控制,在上电或$\overline{\text{RST}}$端由低电平变为高电平后,大约要经过 18～25ms 的时间,7289A 才会进入正常工作状态。

上电后,所有的显示均为空,所有显示位的显示属性均为"显示"及"不闪烁"。当有键按下时,$\overline{\text{KEY}}$引脚输出低电平,此时如果接收到"读键盘"指令,7289A 将输出所按下键的代码。键盘代码的定义是如果在没有按键的情况下收到"读键盘"指令,7289A 将输出 0FFH。

在编写程序中,尽可能地减少 CPU 对 7289A 的访问次数,这样可以使得程序更有效率。

一般在芯片的正负电源间并联 100μF 和 0.1μF 的电容,以提高电路抗干扰的能力。

注意:如果有两个键同时按下,7289A 将只能给出其中一个矩阵接点上的键代码,因此 7289A 不适于应用在需要两个或两个以上键同时按下的场合。

7.2.3　C 语言程序举例

如图 7－5 所示给出的是 AT89C52 与 7289A 连接的实例电路。其中 7289 的 4 根控制线(CS、CLK、DIO、KEY)分别与 AT89C52 的 P1.0、P1.1、P1.2、P1.3 连接。7289 的功能测试程序实现管理 8 个 LED 显示器和 24 个按键,要求实现以下功能:

下载测试程序后,按下复位键程序开始运行,8 位 LED 数码管同时显示"8"并闪烁,当闪烁 8 次后,数码管从高位到低位分别显示 8、7、6、5、4、3、2、1,然后立即在最高位显示"P"。当按下任意键均以"P---XXH"的形式显示键码值。

用 C—51 编写的测试程序如下:

```
# include <reg52.h>
# include <stdio.h>
# include <absacc.h>
# define uchar unsigned char
sbit CS=P1^4;                    //初始化各管脚连接
sbit CLK=P1^7;
sbit DIO=P1^6;
sbit KEY=P3^2;
uchar half_hign;
uchar half_low;
uchar X,ram_data;
uchar rebuf,sebuf,debuf;
bdata uchar com_data;
sbit mos_bit=com_data^7;
sbit low_bit=com_data^0;
void delay_50us()               //延时 50μs 子程序
{
    uchar i;
    for (i=0; i<6; i++){;}
}
```

```
void delay_8us()                       //延时 8μs 子程序
 {
      uchar i;
      for (i=0; i<1; i++){;}
 }
void delay_50ms()                      //延时 50ms 子程序
  {
      uchar i,j;
      for(j=0;j<50;j++)
      for(i=0;i<125;i++){;}
      }
void send(uchar sebuf)                 //向 7289 发送数据子程序
  {
      uchar i;
      com_data=sebuf;
      CLK=0;
      CS=0;
      delay_50us();
      for(i=0;i<8;i++)
      {
      delay_8us();
      DIO=mos_bit;
      CLK=1;
      delay_8us();
      com_data=com_data<<1;
      CLK=0;
      }
      DIO=0;
}
    void receive()                     //接受 7289 返回数据子程序
    {
        uchar i;
        CLK=1;
        delay_50us();
        for(i=0;i<8;i++)
        {
        com_data=com_data<<1;
        low_bit=DIO;
        CLK=1;
```

```
            delay_8us();
            CLK=0;
            delay_8us();
            }
            rebuf=com_data;
            DIO =1;
            CS=1;
            }
            void reset()
            {
            KEY=1;
            DIO=1;
            delay_50ms();
            send(0xa4);
            CS=1;
            }
    main()                          //显示测试主程序
{           uchar i;
            reset();

            send(0xbf);             //测试各位 LED,使其闪烁"8."
            delay_50us();
            CS=1;
              for(i=0;i<160;i++)    //闪烁延时
    {
    delay_50ms();
    }
            reset();
            send(0x88);             //使能各位 LED 闪烁
            delay_50us();
            send(0x00);
            send(0x80);             //使 6 位 LED 分别显示 6、5、4、3、2、1
            delay_50us();
            send(0x06);
            CS=1;
            send(0x81);
            delay_50us();
            send(0x05);
            CS=1;
```

```
send(0x82);
delay_50us();
send(0x04);
CS=1;
send(0x83);
delay_50us();
send(0x03);
CS=1;
send(0x84);
delay_50us();
send(0x02);
CS=1;
send(0x85);
delay_50us();
send(0x01);
CS=1;
for(i=0;i<160;i++)              //闪烁延时
{
 delay_50ms();
}
   reset();
   send(0x80);
             //使 6 位 LED 最低位显示"p",后两位显示"－",最后一位显示"h"
   delay_50us();
   send(0x0e);
   CS=1;
   send(0x81);
   delay_50us();
   send(0x0a);
   CS=1;
   send(0x82);
   delay_50us();
   send(0x0a);
   CS=1;
   send(0x85);
   delay_50us();
   send(0x0c);
   CS=1;
while(1)                           //读取按键按下后对应的码值在 LED 上显示
```

```
{
    while(KEY);
    send(0x15);
    delay_50us();
    receive();
    delay_50us();
    half_hign=((rebuf&0xf0)>>4)|0x80;
    half_low=(rebuf&0x0f)|0x80;
    send(0xcb);                          //读取键码的高位值送到数码管第 4 位
    delay_50us();
    send(half_hign);
    CS=1;
    send(0xcc);                          //读取键码的低位值送到数码管第 5 位
    delay_50us();
    send(half_low);
    CS=1;
    while(! KEY);
    KEY=1;
    }
}
```

7.3 液晶显示器与 89C52 的接口

液晶显示器简称 LCD(Loguid Crystal Diodes),其显示原理是利用经过处理后的液晶具有能改变光线传输方向的特性,达到显示字符和图形的目的。最简单的笔段式液晶显示器类似于 LED 显示器,可以显示简单的字符和数字,而目前大量使用的是点阵式 LCD 显示器,它既可以显示字符和数字,也可以显示汉字和图形。

通常厂家把 LCD 显示屏、背光可变电源、接口控制逻辑、驱动集成芯片等部件构成一个整体,使得与 CPU 接口十分方便。

7.3.1 液晶模块 LCM12864 简介

1. LCM12864 液晶模块的特点

LCM12864 显示内容 128×64 点阵,点大小 0.48×0.48 mm²,点间距 0.04 mm;

显示类型:STN 蓝白模式;

LED 背光;

工作电压:5 V;

控制器为 KS0107。

2. 芯片管脚与功能

表 7 - 7   液晶模块 LCM12864 管脚说明

标号	引脚	功能
VSS	1	地
VDD	2	逻辑部分电源
VO	3	对比度调节
R/S	4	指令/数据寄存器
R/W	5	读写选择信号
E	6	使能信号
DB0—DB7	7—14	数据线 0—7
CS1	15	左半屏片选信号
CS2	16	右半屏片选信号
$\overline{RST}$	17	复位信号
Vout	18	负电源输出
A	19	背光正极
K	20	背光负极

3. 液晶模块的读写时序

液晶模块的读写时序如图 7 - 6 所示。

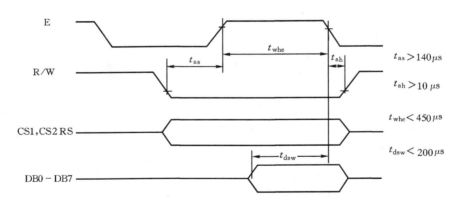

图 7 - 6   液晶模块的读写时序

E 为使能信号,高电平有效,在 E 的下降沿锁存数据。

7.3.2   LCM12864 液晶模块指令集

1. 开/关显示

CODE：R/W D/I DB7 DB6 DB5 DB4 DB3 DB2 DB1 DB0

          L   L   L   L   H   H   H   H   H   H/L

功能：设置屏幕显示开/关。DB0＝H,开显示;DB0＝L,关显示,不影响 RAM 中的内容。

2. 设置起始行

CODE：R/W D/I DB7 DB6 DB5 DB4 DB3 DB2 DB1 DB0
　　　　L 　 L 　 H 　 H 　　　　 　（行地址 0—63）

功能：设置屏幕开始显示的第 1 行。

3. 设置页地址

CODE：R/W D/I DB7 DB6 DB5 DB4 DB3 DB2 DB1 DB0
　　　　L 　 L 　 H 　 L 　 H 　 H 　 H 　（页地址 0—8）

功能：从设置的起始行开始，每 8 行为一页。对当前块有效，如果同时选中两块，则同时有效。

4. 设置列地址

CODE：R/W D/I DB7 DB6 DB5 DB4 DB3 DB2 DB1 DB0
　　　　L 　 L 　 L 　 H 　　　　 　（列地址 0—63）

功能：设置显示的列地址；对 RAM 进行读写操作后，地址自动加 1；对当前块有效，如果同时选中两块，则同时有效。

5. 监测状态

CODE：R/W D/I DB7 DB6 DB5 DB4 DB3 DB2 DB1 DB0
　　　　H 　 L 　 BF 　 L 　 ON/OFF 　 RST 　 L 　 L 　 L 　 L

功能：读忙信号标志位（BF）、复位标志位（RST）、显示标志位（ON/OFF）

BF＝H：内部正在执行操作；BF＝L：空闲状态

RST＝H：复位初始化状态；RST＝L：正常状态

ON/OFF＝H：显示关闭；ON/OFF＝L：显示开

6. 写数据

CODE：R/W D/I DB7 DB6 DB5 DB4 DB3 DB2 DB1 DB0
　　　　L 　 H 　 D7 　 D6 　 D5 　 D4 　 D3 　 D2 　 D1 　 D0

功能：写数据到 RAM。写完后列地址自动加 1。1 为显示，0 为不显示。写数据以前要设置页地址及列地址。

7. 读数据

CODE：R/W D/I DB7 DB6 DB5 DB4 DB3 DB2 DB1 DB0
　　　　H 　 H 　 D7 　 D6 　 D5 　 D4 　 D3 　 D2 　 D1 　 D0

功能：读 RAM 数据。读完后列地址自动加 1。读数据之前要设置页地址及列地址。

7.3.3　液晶模块 LCM12864 与单片机接口

液晶控制器 LCM12864 与 89C52 接口电路如图 7-7 所示：

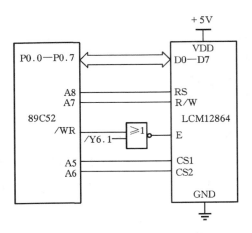

图 7 - 7　89C52 与液晶控制器 LCM12864 的接口

7.3.4　C 语言程序举例

测试程序实现的功能是显示一行汉字"西安交通大学",再显示两行英文"ABCDEFGH IJKLMOPQRSTUVWXYZ"

```
#include        "reg51. h"
#include        "absacc. h"
#include        "stdio. h"


typedef unsigned char uint8；
typedef unsigned int    uint16；
typedef long unsigned int    uint32；


#define    LCM_DISPON        0x3f    /*  打开 LCM 显示 */
#define    LCM_STARTROW      0xc0    /*  显示起始行 0,可以用 LCM_STARTROW
                                        +x 设置起始行。(x<64) */
#define    LCM_ADDRSTRX 0xb8        /*  页起始地址,可以用 LCM_ADDRSTRX+x
                                        设置当前页(即 X)。(x<8) */
#define    LCM_ADDRSTRY 0x40        /*  列起始地址,可以用 LCM_ADDRSTRY+x
                                        设置当前列(即 Y)。(x<64) */
#define LcdComA      XBYTE[0x6220]     /*  左半屏控制端口 */
#define LcdComB      XBYTE[0x6240]     /*  右半屏控制端口 */
#define LcdComAll    XBYTE[0x6260]     /*  全屏控制端口 */
#define LcdWDataA    XBYTE[0x6320]     /*  左半屏数据端口 */
#define LcdWDataB    XBYTE[0x6340]     /*  右半屏数据端口 */
#define LcdDataAll   XBYTE[0x6360]     /*  全屏数据端口 */
```

```
unsigned char code XI[]=
{
/* * * * * * * * * * * * * * * * * * * * * * * * * * * * * * *
  源文件 / 文字：西
  宽×高(像素)：16×16
  字模格式/大小：单色点阵液晶字模,横向取模,字节正序/32 字节
* * * * * * * * * * * * * * * * * * * * * * * * * * * * * * */
0x00,0x00,0x04,0x00,0x04,0x00,0xE4,0x7F,0x24,0x28,0x24,0x24,0xFC,0x23,
0x24,0x20,
0x24,0x20,0xFC,0x23,0x24,0x24,0x24,0x24,0x24,0x24,0xE6,0x7F,0x04,0x00,
0x00,0x00
};


unsigned char code AN[]=
{
/* * * * * * * * * * * * * * * * * * * * * * * * * * * * * * *
  源文件 / 文字：安
  宽×高(像素)：16×16
  字模格式/大小：单色点阵液晶字模,横向取模,字节正序/32 字节
* * * * * * * * * * * * * * * * * * * * * * * * * * * * * * */
0x00,0x00,0x80,0x00,0xA0,0x40,0x98,0x40,0x88,0x40,0x88,0x26,0x88,0x25,
0xEA,0x18,
0x8C,0x08,0x88,0x0C,0x88,0x13,0x88,0x10,0xA8,0x20,0x98,0x60,0x80,0x00,
0x00,0x00
};


unsigned char code JIAO[]=
{
/* * * * * * * * * * * * * * * * * * * * * * * * * * * * * * *
  源文件 / 文字：交
  宽×高(像素)：16×16
  字模格式/大小：单色点阵液晶字模,横向取模,字节正序/32 字节
* * * * * * * * * * * * * * * * * * * * * * * * * * * * * * */
0x00,0x00,0x08,0x00,0x08,0x41,0x88,0x40,0x48,0x40,0xA8,0x21,0x08,0x22,
0x0A,0x14,
0x0C,0x08,0x08,0x16,0x88,0x21,0x28,0x20,0x48,0x40,0x8C,0x40,0x08,0x40,
0x00,0x00
};
```

```
unsigned char code TONG[]=
{
/* * * * * * * * * * * * * * * * * * * * * * * * * * * * * *
    源文件 / 文字 ：通
    宽×高(像素)：16×16
    字模格式/大小 ：单色点阵液晶字模,横向取模,字节正序/32 字节
 * * * * * * * * * * * * * * * * * * * * * * * * * * * * * */
0x00,0x00,0x40,0x20,0x42,0x10,0xCC,0x0F,0x00,0x10,0x00,0x20,0xF4,0x5F,
0x54,0x42,
0x5C,0x42,0xF4,0x5F,0x5C,0x42,0x56,0x52,0xF4,0x5F,0x00,0x40,0x00,0x40,
0x00,0x00
};


unsigned char code DA[]=
{
/* * * * * * * * * * * * * * * * * * * * * * * * * * * * * *
    源文件 / 文字 ：大
    宽×高(像素)：16×16
    字模格式/大小 ：单色点阵液晶字模,横向取模,字节正序/32 字节
 * * * * * * * * * * * * * * * * * * * * * * * * * * * * * */
0x00,0x00,0x20,0x40,0x20,0x40,0x20,0x20,0x20,0x10,0x20,0x08,0x20,0x06,
0xFE,0x01,
0x20,0x02,0x20,0x04,0x20,0x08,0x20,0x10,0x20,0x20,0x30,0x60,0x20,0x20,
0x00,0x00
};


unsigned char code XUE[]=
{
/* * * * * * * * * * * * * * * * * * * * * * * * * * * * * *
    源文件 / 文字 ：学
    宽×高(像素)：16×16
    字模格式/大小 ：单色点阵液晶字模,横向取模,字节正序/32 字节
 * * * * * * * * * * * * * * * * * * * * * * * * * * * * * */
0x00,0x00,0x40,0x04,0x30,0x04,0x10,0x04,0x52,0x04,0x5C,0x04,0x50,0x24,
0x52,0x44,
0x5C,0x3F,0x50,0x05,0xD8,0x04,0x56,0x04,0x10,0x04,0x50,0x06,0x30,0x04,
0x00,0x00
};
```

```
unsigned char code FONT8x8ASCII[][8] = {
/ *          A          * /
    {0x00,0x80,0xF8,0x27,0x3C,0xE0,0x80,0x00}
/ *          B          * /
    ,{0x00,0x81,0xFF,0x89,0x89,0x76,0x00,0x00}
/ *          C          * /
    ,{0x00,0x7E,0x81,0x81,0x81,0x43,0x00,0x00}
/ *          D          * /
    ,{0x00,0x81,0xFF,0x81,0x81,0x7E,0x00,0x00}
/ *          E          * /
    ,{0x00,0x81,0xFF,0x89,0x9D,0xC3,0x00,0x00}
/ *          F          * /
    ,{0x00,0x81,0xFF,0x89,0x1D,0x03,0x00,0x00}
/ *          G          * /
    ,{0x00,0x3C,0x42,0x81,0x91,0x73,0x10,0x00}
/ *          H          * /
    ,{0x00,0x81,0xFF,0x08,0x08,0xFF,0x81,0x00}
/ *          I          * /
    ,{0x00,0x81,0x81,0xFF,0x81,0x81,0x00,0x00}
/ *          J          * /
    ,{0x00,0xC0,0x81,0x81,0xFF,0x01,0x01,0x00}
/ *          K          * /
    ,{0x00,0x81,0xFF,0x89,0x34,0xC3,0x81,0x00}
/ *          L          * /
    ,{0x00,0x81,0xFF,0x81,0x80,0x80,0xC0,0x00}
/ *          M          * /
    ,{0x00,0xFF,0x0F,0xF0,0x0F,0xFF,0x00,0x00}
/ *          N          * /
    ,{0x00,0x81,0xFF,0x8C,0x31,0xFF,0x01,0x00}
/ *          O          * /
    ,{0x00,0x7E,0x81,0x81,0x81,0x7E,0x00,0x00}
/ *          P          * /
    ,{0x00,0x81,0xFF,0x89,0x09,0x06,0x00,0x00}
/ *          Q          * /
    ,{0x00,0x3E,0x51,0x51,0xE1,0xBE,0x00,0x00}
/ *          R          * /
    ,{0x00,0x81,0xFF,0x89,0x19,0xE6,0x80,0x00}
/ *          S          * /
```

```
    ,{0x00,0xC6,0x89,0x91,0x91,0x63,0x00,0x00}
/*        T         */
    ,{0x00,0x03,0x81,0xFF,0x81,0x03,0x00,0x00}
/*        U         */
    ,{0x00,0x01,0x7F,0x80,0x80,0x7F,0x01,0x00}
/*        V         */
    ,{0x00,0x01,0x1F,0xE0,0x38,0x07,0x01,0x00}
/*        W         */
    ,{0x00,0x07,0xF8,0x0F,0xF8,0x07,0x00,0x00}
/*        X         */
    ,{0x00,0x81,0xE7,0x18,0xE7,0x81,0x00,0x00}
/*        Y         */
    ,{0x00,0x01,0x87,0xF8,0x87,0x01,0x00,0x00}
/*        Z         */
    ,{0x00,0x83,0xE1,0x99,0x87,0xC1,0x00,0x00}
};


/* 延时子程序 */
void delay(uint16 time)
{
    while(time--);
}
/* 液晶初始化 */
void LCM_DispIni(void)
{
    LcdComAll = LCM_DISPON;
    delay(50);
    LcdComAll = LCM_STARTROW;
    delay(50);
    LcdComAll = LCM_ADDRSTRX;
    delay(50);
    LcdComAll = LCM_ADDRSTRY;
    delay(50);
}
/* 全屏填充 */
void LCM_DispFill(uint8 filldata)
{
    uint8 x,y;
```

```
    LcdComAll = LCM_STARTROW;
    delay(50);
    for(x=0;x<8;x++)
    {
        LcdComAll = LCM_ADDRSTRX + x;
        delay(50);
        LcdComAll = LCM_ADDRSTRY;
        delay(50);
        for(y=0;y<64;y++)
        {
            LcdDataAll = filldata;
            delay(50);
        }
    }
}
void LCD_init(void)
{
    LCM_DispIni();
    LCM_DispFill(0x00);
}
/* 向 x,y 坐标写入数据 wrdata */
void LCM_WriteByte(uint8 x,uint8 y,uint8 wrdata)
{
    x = x & 0x7f;
    y = y & 0x3f;
    y = y >> 3;
    if(x<64)
    {
        LcdComA  = LCM_ADDRSTRY + x;
        delay(50);
        LcdComA  = LCM_ADDRSTRX + y;
        delay(50);
        LcdWDataA = wrdata;
        delay(50);
    }
    else
    {
        x = x -64;
        LcdComB  = LCM_ADDRSTRY + x;
```

```
        delay(50);
        LcdComB    = LCM_ADDRSTRX + y;
        delay(50);
        LcdWDataB = wrdata;
        delay(50);
    }
}
/* 在 x,y 坐标处显示汉字(16×16) */
void PutChinese(uint8 x,uint8 y,uint8 * dat)
{
    uint8 i;
    for(i=0;i<16;i++)
    {
        LCM_WriteByte(x+i,y, * (dat++));
        LCM_WriteByte(x+i,y+8, * (dat++));
    }
}
/* 在 x,y 坐标处显示字符(8×8) */
void PutChar(uint8 x,uint8 y,uint8 ch)
{
    uint8 i;
    ch -= 0x41;
    for(i=0;i<8;i++)
    {
        LCM_WriteByte(x+i,y,FONT8x8ASCII[ch][i]);
    }
}
/* 在 x,y 坐标处显示字符串(8×8) */
void PutStr(uint8 x,uint8 y,uint8 * str)
{
    while(1)
    {
        if( ( * str)=='\0' ) break;
        PutChar(x, y, * str++);
        x += 8;      /* 下一个字符显示位置,y 不变(即不换行) */
        if(x>=128)
            break;
    }
}
```

```
main()
{
    LCD_init();
    PutChinese(16,0,XI);
    PutChinese(32,0,AN);
    PutChinese(48,0,JIAO);
    PutChinese(64,0,TONG);
    PutChinese(80,0,DA);
    PutChinese(96,0,XUE);
    PutStr(12,16,"ABCDEFGHIJKLM");
    PutStr(12,32,"NOPQRSTUVWXYZ");
    while(1);
}
```

7.4　模拟输入量的转换与接口

7.4.1　ADC0809 的引脚说明

ADC0809 是 8 通道 8 位逐次逼近型 A/D 转换器,典型时钟频率为 640 kHz,每一通道转换时间约为 100 μs;时钟频率越高,转换速度越快,允许最大时钟频率为 1280 kHz(通常选 640 kHz),功耗为 15 mW。

ADC0809 的管脚如图 7 – 8 所示,其输入输出的逻辑电平与 TTL 电平兼容。

各管脚功能:

IN0—IN7:8 路模拟量输入端。

ADD – A、ADD – B、ADD – C:信道地址输入端。当 CBA＝000 时,选通 IN0 输入通道;同理,若 CBA＝001 时,选通输入 IN1 输入通道,依此类推。

CLOCK:时钟输入端。

ALE:地址锁存允许。当 ALE＝1 时,将 CBA 所表示的地址值输入和译码,确定接通 IN0—IN7其中之一输入。当 ALE＝0 时,把 CBA 的地址值锁存。

START:启动脉冲输入端。在此端应加一个完整的正脉冲信号。

V$_{CC}$(11 脚):电源输入端,＋5 V。

GND(13 脚):数字地。

REF(＋)和 REF(－):分别为基准电压的高端电平和低电平。必须满足下述关系:

$$V_{CC} \geqslant REF(+) \geqslant REF(-) \geqslant 0$$
$$[\ REF(+) + REF(-)\ ] = V_{CC}$$

EOC:转换结束信号。在 A/D 转换期间,EOC＝0,表示转换正在进行,输出端为高阻状态。当 EOC＝1,表示转换已经结束。

D7—D0:(2 – 1—2 – 8)引脚:8 位数据输出端。

ENABLE:允许输出端。ENABLE 端高电平有效,在有效期间 CPU 读数据有效。当

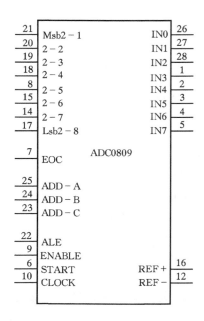

图 7 - 8　ADC0809 的引脚图

ENABLE＝0 时,D7—D0 脚对外是高阻抗。

7.4.2　ADC0809 与单片机的接口电路

ADC0809 与单片机的接口电路在中断方式中,CPU 的利用率最高,因此系统较复杂时常使用中断方式。假定单片机 89C52 的晶振频率为 12 MHz,与 ADC0809 中断方式的接口电路如图 7 - 9 所示。

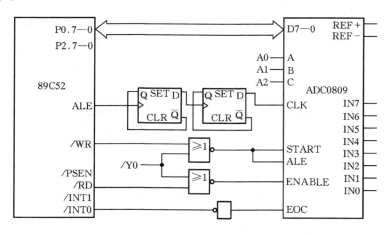

图 7 - 9　ADC0809 与单片机 AT89C52 中断方式的接口电路

注:地址线 A2、A1、A0 与 ADC0809 的 ADD - C、ADD - B、ADD - A 连接,用来选择通道。由/WR、/RD 对 ADC0809 进行读写控制,

A15	A14	A13	A12	A11	A10	A9	A8	A7	A6	A5	A4	A3	A2	A1	A0
0	0	0	0	×	×	×	×	×	×	×	×	×	A2	A1	A0

选择通道：

IN0 的寻址范围：0000H—0FF8H　　　IN1 的寻址范围：0001H—0FF9H

IN2 的寻址范围：0002H—0FFAH　　　IN3 的寻址范围：0003H—0FFBH

IN4 的寻址范围：0004H—0FFCH　　　IN5 的寻址范围：0005H—0FFDH

IN6 的寻址范围：0006H—0FFEH　　　IN7 的寻址范围：0007H—0FFFH

由于/INT1 下降沿有效，而 EOC 上升沿来到时，表示转换结束；所以 EOC 必须经反相后加到/INT1 端作为中断请求信号。由于图 7-9 中振荡频率为 12 MHz，所以 ALE 经四分频后为 500 kHz。

编程时使用 MOVX 和 DPTR 或 P2 口与 Ri 配合，片选、读、写操作。

C 编程时，声明全局变量时增加 xdata 关键字，同时需要用指针强制指向所需要的地址。如：

unsigned int xdata * ADDat　WR=(unsigned int xdata *) 0X0000;

unsigned int xdata * ADDat　RD=(unsigned int xdata *) 0X0000;

这里是采用中断方式进行 AD 的读操作，也可使用查询方式进行(EOC 接到 P1.0)，还可以采用定时等待的方式。

一般，在此电路正式使用以前，先要进行检查，包括零点和增益。先检查零点，后检查增益，设 ADC0809 的参考电压为 5.12 V，检查步骤如下：

①检查零点：给 ADC0809 加一个 10 mV 的直流电压，启动 ADC，结果应在"1"或"0"之间变化。

②检查增益：送入参考电压为 5.12 V～10 mV，启动 ADC，结果应在"FFH"和"FEH"之间变化。

③给 ADC0809 送一个任一中间的直流电压量，结果应接近理论计算值。

根据检查结果，反复适当地调整参考电压，使 ADC 的转换结果尽量同时接近零点、增益和任一中间的直流电压量的理想值。

7.4.3　A/D 转换(0809)编程

汇编语言程序

```
          ORG     0000H
          AJMP    MAIN
          ORG     0013H            ;外部中断 1 服务程序入口地址
          AJMP    ADC_INT1         ;跳转到外部中断服务程序
    MAIN: SETB    IT1              ;开中断下降沿触发
          SETB    EA               ;总中断允许
          SETB    EX1              ;外部中断 1 允许中断
          SJMP    $                ;等待中断
```

```
ADC_INT1:
        MOV     DPTR,#0000H     ;选取 IN0 信道地址,读取 A/D 值
        MOVX    A,@DPTR         ;读入 A/D 转换结果
        MOV     DPTR,# 0000H    ;选取 INT0 信道地址
        MOVX    @DPTR,A         ;启动下一次 A/D 转换
        RETI
        END
```

C 语言程序

```c
#include "reg51.h"
unsigned char ADDat = 0x00;
unsigned int xdata * ADDatRD=（unsigned int xdata *）0X0000;
unsigned int xdata * ADDatWR=（unsigned int xdata *）0X0000;

void int main()

{
    /*初始化中断*/
    IT1 = 1;
    EX1 = 1;
    /*开中断*/
    EA = 1;
    while(1);
}
void ADC() interrupt 2        /*ADC 中断服务程序*/

{   ADDat = *ADDatRD;
    *ADDatWR = 1;
}
```

7.5 模拟输出量通道的接口

7.5.1 DAC0832 的转换原理与引脚

① DAC0832 转换器的结构框图与引脚,其引脚功能如图 7-10 所示。

② 图 7-10 是集成 D/A 转换芯片 DAC0832 的内部结构图。其中部包括一个 8 位输入寄存器、一个 8 位 DAC 寄存器、一个 8 位 D/A 转换器和有关控制逻辑电路。其中的 8 位 D/A 转换器是 R-2RT 型电阻网络式。当改变基准电压 VREF 的极性时输出极性也改变。所有的输入控制逻辑均与 TTL 电平兼容。

VREF 是基准电压引线脚,DAC0832 的基准电压 VREF=-10 V~+10 V,因而可以通

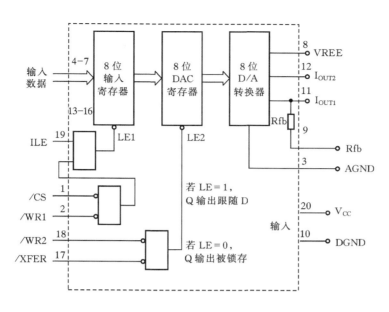

图 7 - 10　DAC0832 内部结构框图

过改变 VREF 的符号来改变输出极性。

　　V_{CC} 接供电电压＋5 V～＋10 V。I_{OUT1} 和 I_{OUT2} 是电流输出脚。

　　ILE 为数据输入锁存使能,高电平有效。

　　/LE1 为 8 位输入寄存器的锁存端。在 ILE＝1 的条件下,当/LE1＝1 时,8 位 DAC 数据输入,当/LE1＝0 时,8 位 DAC 输入数据锁存(当 ILE＝1,/CS＝/WR1＝1 时,LE1＝1,8 位输入寄存器数据输入;当 ILE＝0 或/CS 和/WR1 之一为 1(或两者均为 1)时,/LE1＝0,数据锁存)。

　　/LE2 为 DAC 寄存器的锁存端。当/WR2＝/XFER＝0 时,8 位 DAC 寄存器数据输入,当/WR2 与/XFER 中有一个或两者均为 1 时, /LE2＝0,数据锁存。

　　图中的 8 位 DAC 寄存器起到了缓冲作用,即保证 8 位 D/A 变换器的输出对应于某一定时刻的 D7—D0 保持不变。

　　在使用时,可以采用双缓冲方式(利用两个寄存器),也可以采用单缓冲方式(只用一级锁存,另一级直通),还可以采用直通方式。

7.5.2　DAC0832 与 MCS－51 单片机接口

　　以 DAC0832 的单极性输出(单缓冲工作方式)为例,图 7 - 11 是 DAC0832 在单片机 AT89C52 的控制下实现模拟量单极性输出的电路。在图中,由地址锁存器 74LS373 把低 8 位地址从地址/数据总线 P0 口,由地址译码器对地址译码,产生片选信号送到 DAC0832 的/CS 端和/XFER(1,17)端。在单片机执行一条输出指令时,立即在/XFER、/CS 出现一个负脉冲并把 8 位数据从 P0 口输出。脉冲为低电平期间,把 8 位数据送到 DAC0832 的"8 位输入寄存器"和"8 位 DAC 寄存器",并到达"8 位 D/A 变换器"开始 D/A 变换。当脉冲上升沿之后,数据被锁存在"8 位输入寄存器"和"8 位 DAC 寄存器"。

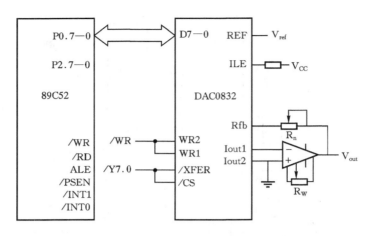

图 7-11 DAC0832 与 AT89C52 单片机的接口电路

一般,在此电路正式使用以前,先要进行调整,包括调整零点和增益。先调零点,后调增益,步骤如下。

①调整零点:给 DAC0832 送一个很小的数字量,例如 D=01H。置 R_n=0,调零电位器 R_w 使 V_{out} 与理论值(与 01H 对应)相差不大于 ±LSB/2。这里 $1LSB=V_{ref}/256$,设 V_{ref}=5.12 V,则 $1LSB=5.12 V/256=20 mV$,D=01H 对应的输出为 −20 mV。因此应把 V_{out} 调整在 −20 mV±10 mV 范围内。

②调整增益:送入 D=FFH,调整与 Rfb 串联的 R_n 和调零电位器 R_w,使 V_{out} 与理论值之差小于 LSB/2。设 V_{ref}=5.12 V,则与 FFH 对应的理论值为 −5.1 V,那么应调整得 V_{out} 为 −5.1 V±10 mV。

在图 7-11 中,因为引脚 V_{ref} 接 +5.12 V,所以输出 V_{out}<0。如果把引脚 V_{ref} 接负电源,则 V_{out} 便为正。

编程时使用 MOVX 和 DPTR 或 P2 口和 Ri 配合,片选读、写操作。C 编程时,声明全局变量时增加 xdata 关键字,同时需要用指针强制指向所需要的地址。如:

unsigned int xdata * DAWT=(unsigned int xdata *)0X7000;

直接对 *DAWT 写操作即可启动 DA。

7.5.3 D/A 转换器(DAC0832)程序举例

1. 产生锯齿波

汇编语言程序

```
        ORG     8000H
        MOV     DPTR,＃7000H    ;从第 5 章可知/Y7.0＝7000H
LOOP：  MOVX    @DPTR,A
        INC     A
        SJMP    LOOP
        END
```

C 语言编程

```c
#include "reg51.h"
unsigned char tmp = 0x00;
unsigned int xdata * DAWT= (unsigned int xdata*) 0X7000;
int main()
{
    while(1)
    {
    * DAWT = tmp++;
        if(tmp==0xff)
        tmp = 0;
    }
    return;
}
```

2. 产生方波

汇编语言程序

```asm
        ORG     8000H
        MOV     DPTR,#7000H
LP:     MOV     R2,#255
        MOV     A,#00H
LOOP:   MOVX    @DPTR,A
        DJNZ    R2,LOOP
        MOV     R2,#255
        MOV     A,#0FFH
LOP:    MOVX    @DPTR,A
        DJNZ    R2,LOP
        SJMP    LP
        END
```

C 语言程序

```c
#include "reg51.h"
unsigned char tmp = 0x00;
unsigned int xdata * DAWT= (unsigned int xdata*) 0X7000;
int main()
{
    while(1)
    {   if(tmp<0x7f)
    * DAWT = 0x00;
        else if(tmp>=0x7f)
    * DAWT = 0xff;
        tmp++;
```

```
            if(tmp==0xff)
            tmp = 0;
        }
        return;
}
```

3. 产生三角波

汇编语言程序

```
            ORG     8000H
            MOV     DPTR,#7000H
LP：        MOV     R2,#255
            MOV     A,#00H
LOOP：      MOVX    @DPTR,A
            INC     A
            DJNZ    R2,LOOP
            MOV     R2,#255
            MOV     A,#0FFH
LOP：       MOVX    @DPTR,A
            DEC     A
            DJNZ    R2,LOP
            SJMP    LP
            END
```

C 语言程序

```
#include "reg51.h"
unsigned char tmp = 0x00,dir = 1;
unsigned int xdata * DAWT= (unsigned int xdata* ) 0X7000;

int main()
{     while(1)
    {* DAWT = tmp;
        tmp += dir;
        if(tmp==0xff || tmp==0x00)
            dir = 0-dir;
    }
    return;
}
```

7.6 开关量的输入/输出接口

7.6.1 开关量的输入接口

现场输入输出开关量主要有两种形式。一种是电平开关动作状态,包括运行开关状态。另一种是周期变化的频率信号。当现场为强电工作状况时,必须采取隔离措施,即现场地和单片机系统地之间不能有欧姆连接。

例如,高压开关的动作状况,通常从辅助触点引入信号。经光耦隔离后进入单片机系统,其中信号接入如图 7-12(a)所示,其中 U1 为固定电源,假设开关原始为断开状态。光耦器件原也无电流,输出为逻辑"0"状态。当开关闭合,输出为"1"状态,通过 P1.0 来检测这种变化。

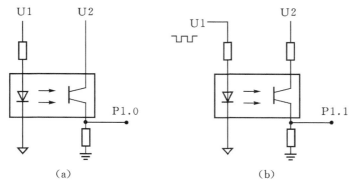

（a）　　　　　　　　　　（b）

图 7-12　现场输入开关量的隔离

图中的 U1 和 U2 是不共地的电源。当现场输入的是周期方波信号。同样可采用光耦进行隔离。如图 7-12(b)所示,可获得与输入信号同相的输出信号。

当输入是直流电流信号时,如果是小于 10mA 的电流,可直接将光耦串入。如果是大电流可通过分流器接入;如果是交流可经过检波后接入。

7.6.2 开关量输出接口

开关量输出一般可通过光耦隔离,当输出就地驱动发光二极管或继电器时,可不加光耦隔离,如图 7-13 所示。

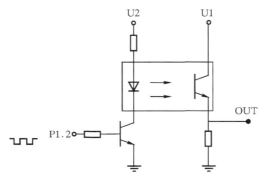

图 7-13　开关量输出通过光耦隔离

本章小结

(1)掌握 LED 动态扫描方式显示原理,段选码和位选码的定义,与 MCS－51 的接口设计,能编写简单的测试程序。

(2)掌握采用 I/O 口设计简单独立式键盘电路,注意在硬件方面可在按键两端加滤波电容或选用逻辑开关;在软件方面可设置一定的延时(通常 20 ms 左右),使按键按下延时稳定后 CPU 再读入键值。

(3)当系统复杂时应选择 8279 显示键盘控制器。液晶显示器、微型打印机与 89C52 的接口作为一般了解。同样,这些内容也很重要,可通过后续的电子设计训练实践环节掌握。

(4)以 0809 A/D 转换的原理与接口为例,掌握输入通道 DAC 转换接口和编程时使用 MOVX 和 DPTR 或 P2 口和 Ri 配合,片选读、写操作。C 编程时,声明全局变量时增加 xdata 关键字,同时需要用指针强制指向所需要的地址。

(5)以 0832 D/A 转换与接口设计为例,掌握模拟输出量通道的接口设计,编程时使用 MOVX 和 DPTR 或 P2 口和 Ri 配合,片选写操作。C 编程时,声明全局变量时增加 xdata 关键字,同时需要用指针强制指向所需要的地址。

(6)现场开关量的输入,当现场为强电磁工作状况或输入本身就是强电时,必须采取隔离措施。开关量输出一般可通过光耦隔离,当输出就地驱动发光二极管或继电器时可以不加光耦隔离。

(7)本章介绍的输入输出通道与接口是通过三总线连接的。在实际的应用系统设计中,也可以采用 IIC 总线和 SPI 总线标准与接口的系统扩展方式,实现 ADC 和 DAC 接口设计。

第8章 单片机应用系统设计

8.1 基于单片机测控系统的基本结构

硬件平台以单片机(或专用芯片)为核心组成的单机测控系统,其特点是专用或多功能,小型易做成便携式。其结构框图如图8-1所示。

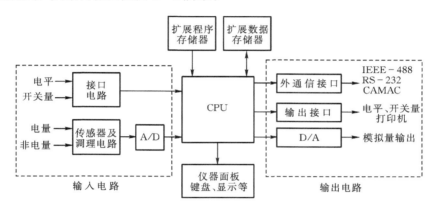

图8-1 单片机系统结构框图

图中,输入通道中电量、非电量输入经传感器及调理电路(有时需要量程变换和隔离放大)到A/D转换器;电平、开关量经必要的电平转换,有时也需要隔离。

输出通道包含了通信接口,如IEEE—488并行、RS—232串行及应用于自动测试系统的CAMAC(计算机自动测试及控制)的通信,还有单路或多路D/A模拟量的输出和电平、开关量输出(有时也需要隔离)。

CPU系统包含输入键盘和输出显示、打印机接口等。一般较复杂的系统还需扩展程序存储器和数据存储器。当系统较小,最好选用CPU中带有程序、数据存储器,甚至带有A/D和D/A的芯片以简化硬件系统设计。

8.2 弱信号输入及调理电路

一般由非电量传感器输出的信号基本上是弱信号,必须经放大器调理到与ADC的输入电压相匹配,才能被正确采集,下面通过常用的几种弱信号的放大器调理,加以说明。

AD522是集成测量放大器,它的非线性度仅为0.005%(A=100时),共模抑制比$K_{CMR} >$ 100 dB,其管脚引线图如图8-2所示。

应变式压力传感器通常经直流测量电桥调理,然后通过AD522放大,如图8-3所示,图中

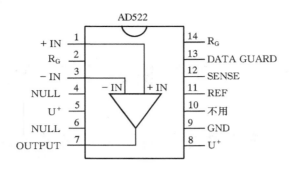

图 8 - 2　AD522 管脚功能

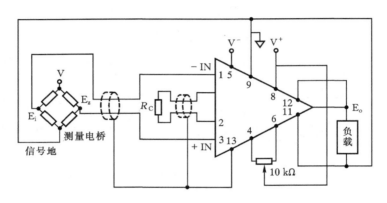

图 8 - 3　AD522 用于测量电桥的电路

的信号地必须和电源地连接，以便为放大器的偏置电流构成回路，REF 为参考端必须接地，一般 DATA GUARD 端接输入引线的屏蔽端，SENSE 端直接与输出 E。端相连，其放大倍数

$$A = (1 + \frac{200 \ \text{k}\Omega}{RG})$$

当 AD522 用于热电偶测量中，可直接将热电偶接至输入端，如图 8 - 4 所示，将 3 端接至地也是为了给放大器提供偏置通路。

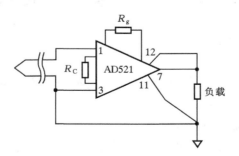

图 8 - 4　热电偶直接耦合

若被放大信号为交流信号，则可先用隔直电容将放大器的直流通路与信号源隔离。通过

电阻 R 为偏置电流提供回路,其接法如图 8-5 所示。上述几种接地法也适用于其他集成运放。

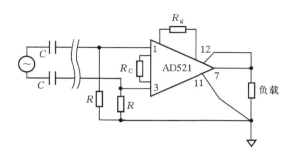

图 8-5　由电容器耦合

　　一般由于电量传感器输出的信号基本上是标准信号,例如:测量用电压互感器二次侧输出通常是 0—5 V;而电流互感器二次侧输出通常是 0—1 A 和 0—5 A,只需将电流变换为标准电压信号就可与 ADC 相匹配。也有的如霍尔电量传感器输出是弱信号,这时应加放大调理到与 ADC 相匹配。

　　例:设计一个测温系统,采用热电阻 R_T 作测温传感器。

　　已知:电阻 $R-T$ 的关系式为: $RT(T) = R0(1+AT)$,其中, $R0 = 100\ \Omega$ (表示该铂电阻在0℃的值), $A = 3.9 \times 10^{-3}$ ℃,要求:测温范围 0—200 ℃,分辨率为 1 ℃。

　　要求:①画出系统结构框图,说明各电路的作用。

　　②画出所选用的调理电路,写出温度输入和调理电路输出的关系式。

　　③选择 A/D 转换和放大器的放大倍数。

　　④证明所设计的系统能达到测温范围和分辨率要求。

　　解:① 系统结构框图如图 8-6 所示。各环节的功能说明如下:

图 8-6　系统结构框图

　　传感器:将输入的待测非电量信号(这里为温度信号)转换为电信号。

　　调理电路:将传感器输出的信号进行调理放大,转换成适合 A/D 转换器输入的信号。

　　A/D 转换器:将模拟信号转换为数字信号,送入 CPU 系统。

　　CPU 系统:对信号进行分析处理并显示结果。

　　②调理电路。调理电路如图 8-7 所示,其中 RN 为标准电阻,阻值为 100 Ω ,Rt 为热电阻传感器 。

　　双恒流源输出为

$$\Delta u_R = u_{Rt} - u_{RN}$$
$$= R0I_0[1+AT] - R0I_0$$
$$= I_0R0AT$$

　　③若取恒流源输出 $I_0 = 3$ mA,选择 8 位 A/D,满量程 $V_{FS} = 10.24$ V

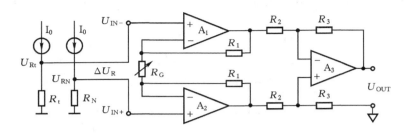

图 8－7　调理电路

则 A/D 的量化值为　　$q = \dfrac{10.24}{2^8} = 40 \text{ mV}$

因为系统分辨率为 1℃，所以当系统输入为 1℃时，双恒流源输出 $\Delta u'_R$ 为

$$\Delta u'_R = I_0 R0A \Delta t_{\min} = I_0 R0A \times 1 = 1.17 \text{ mV}$$

所以放大器的放大倍数应为 $K = \dfrac{q}{s} = 34.2$，取 $K = 35$

④ 在选定以上放大倍数之后，测温范围则为

$$T_{\max} = \frac{V_{FS}}{\Delta u'_R \times K} = \frac{10.24}{1.17 \times 10^{-3} \times 35} \times 250 \text{ ℃}$$

即测温范围为：0—250 ℃，大于 0—200 ℃，且分变率大于大于灵敏度，因此系统设计满足要求。

8.3　采样保持电路

8.3.1　采样保持电路原理

采样保持电路通常由保持电容器、输入输出缓冲放大器、逻辑输入控制的开关电路等组成，见图 8－8。采样期间，逻辑输入控制的模拟开关是闭合的。A_1 是高增益放大器，它的输出通过开关闭合给电容快速充电。保持期间，开关断开，由于运算放大器 A_2 的输入阻抗很高，理想情况下，电容器将保持充电时的最终值。目前采样保持电路大都集成在单一芯片中，其中保持电容是外接的，由用户根据需要选择。

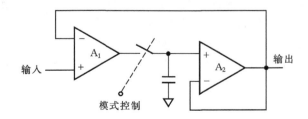

图 8－8　采样保持电路原理图

采样保持集成芯片可分为以下三类。

①用于通用目的的芯片：如 AD583K，AD582K/S，LF198 等。

②高速芯片,型号有:HTS－0025、THS－0060 等。

③高分辨率芯片,如 SHA1144。

采样保持电路的主要参数有以下 5 个。

①孔径时间(T_{AP}):在保持命令发出后,到逻辑输入控制的开关完全断开所需的时间称为孔径时间。由于该时间的存在,采样时间被延长了。孔径时间所产生的误差可通过控制保持命令发出的时间加以消除。

②孔径时间的不定性(ΔT_{AP}):它是孔径时间的变化范围。ΔT_{AP}产生的误差是随机不可消除的。

③捕捉时间(T_{AC}):采样保持器处于保持模式时,当发出采样命令,采样保持器的输出从所保持的直到当前输入信号的值所需时间称为捕捉时间。该时间影响采样频率的变化,而对转换准确度无影响。

④保持电压的下降速率:在保持模式时,由于保持电容器的漏电以及等频并联阻抗并非无穷大,使得电容慢速放电,引起保持电压的下降。保持电压的下降率可用如下公式计算

$$\frac{\Delta V}{\Delta T}(V/S) = \frac{I(pA)}{C_H(pF)}$$

其中 I 为下降电流;C_H 为保持电容值。

⑤馈送:在保持模式时,由于输入信号耦合到保持电容器,故有寄生电容,因此输入电压的变化也将引起输出电压微小的变化。

此外,由于开关结电容的存在,以及逻辑开关的控制电压也将引起保持电容器上的保持电压微小的变化。

8.3.2　典型的采样保持器集成芯片

美国国家半导体公司生产的采样保持集成芯片 LF198(军品)、LF298(工业品)和 LF398(民品)如图 8-9 所示。其供电电压在±5 V～±18 V 之间。该芯片提供的两个控制端 8、7 是

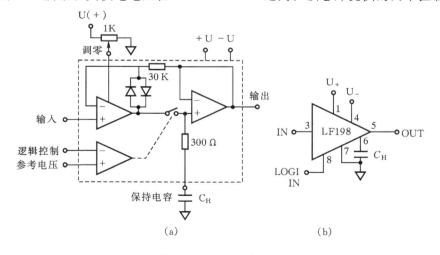

图 8-9　LF198 功能图

(a) 电原理图;(b)引脚图

驱动放大器的两个差动输入端,用以适应各种电平信号。当参考电压端 7 脚接地,控制输入端 8 脚大于 1.4 V 时,电路处于采样模式(TTL 的逻辑电平与之对应);当控制输入端输入低电平时,电路处于保持模式。

保持电容选择聚苯乙烯或聚四氟乙烯电容。电容值的选择应综合考虑精度、下降率和采样频率等参数。这些参数与电容值大小的关系如图 8-10 所示。

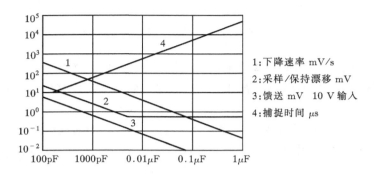

图 8-10　参数与电容值的关系

为了提高采样频率,电容可小到 100 pF,但下降率也相应增大。

8.4　微型计算机的数据采集系统

8.4.1　单通道数据采集的结构形式

1. 不带采样保持的单通道 A/D 转换

对于直流或者低频信号,通常可以不用采样保持器,这时模拟输入电压的最大变化率与转换器的转换率有如下关系:

$$\left.\frac{dv}{dt}\right|_{max} = 2^{-n}V_{FS}/T_{conv}$$

式中:T_{conv}—— 转换时间;

　　V_{FS}—— 转换器的满刻度值;

　　n —— 分辨率。

例如:$V_{FS}=10$ V,$n=11$,$T_{conv}=0.1$ ms,则输入电压的最大变化率为 50 V/s。

2. 带有采样保持器的单通道 A/D 转换

在模拟输入信号变化率比较大的通道,需要采用采样保持器,这时模拟输入信号的最大变化率取决于采样保持器的孔径时间,其输入模拟信号的最大变换率:

$$\frac{dv}{dt} = \left.\right|_{max} = 2^{-n}V_{FS}/T_{AC}$$

如果将保持命令提前发出,提前的时间与孔径时间相等时,则输入模拟信号最大变化率仅取决于孔径时间的不定性 t_{ap},并可由下式决定

$$\frac{dv}{dt} = \left.\right|_{max} = 2^{-n}V_{FS}/t_{ap}$$

式中:t_{ap}——孔径时间的不定性。

例如:当采样频率 $f_s = 100$ kHz,$V_{FS} = 10$ V,$t_{ap} = 3$ ns, $n = 11$

则:$\left.\dfrac{dv}{dt}\right|_{max} = 5$ mV/3 ns $= 1.67$ V $/\mu s$

8.4.2　多通道数据采集的结构形式

①多路 A/D 通道,每通道有独自的采样保持器与 A/D 转换器,它的框图如图 8 - 11 所示。这种形式通常用于高速系统,允许通道同时进行转换,这种方式可以通过 CPU 同时发出采样保持命令,实现同时采样,用在对系统性能的各项数据描述需要同时给出的系统中。

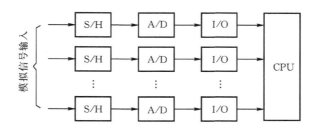

图 8 - 11　多通道 A/D 转换

②图 8 - 12 中,各通道有各自独立的采样保持器,但公用一个 A/D 转换器,通过多路开关对各路信号分时进行 A/D 转换。这种结构与图 8 - 10 所示结构相比,同样能够实现多路信号的同步采集,但由于公用一个 A/D 转换器,因此采集速度稍慢。

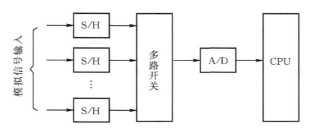

图 8 - 12　多通道共享 A/D 转换器

③图 8 - 13 中,各通道公用一个采样保持器和 A/D 转换器。工作时,通过多路开关将各路信号分时切换,输入到公用的采样保持器中,因此这种结构只能实现多路信号的分时采集,而非同步采集,与图 8 - 9 和图 8 - 10 所示结构相比,采集速度最慢。其优点是节省硬件成本,

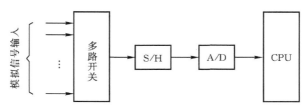

图 8 - 13　多通道共享采样保持器与 A/D 转换器

适于对采集速度要求不高的应用场合。

8.4.3　输入通道与强电之间的隔离

当单片机应用系统是用来测量强电信号时,为了增强系统的抗干扰性能和安全性,就应该采用隔离措施。例如:测量用互感器的一次侧输入和二次侧输出就已经隔离,当不使用互感器,而是采用分压电路时,常用到隔离放大器。例如:常用隔离放大器 AD202。

AD202 是美国 AD 公司的一种通用隔离放大器,它通过变压器隔离开信号和电源,原理图如图 8-14 所示。

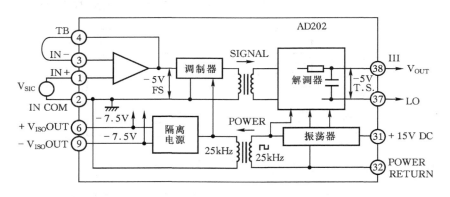

图 8-14　AD202

该放大器的非线性为±0.025%,最大功耗为 75 mW,使得 AD202 可应用于有多输入通道和对电源要求比较小的场合。内部输出电源电压±V_{ISO} 为 7.5 V,可输出 0.4 mA 电流。

芯片电源为 15 V 接入 31、32 两个引脚。被放大的信号通过 1、2 两个引脚输入,35、37 两个引脚为输出。外接反馈电阻由 3、4 引脚接入,当将 3、4 引脚间短路时,就是一个增益为 1 的隔离放大电路。

8.4.4　量程的自动转换

量程自动转换是实现仪器自动测量的重要组成部分,它使测量仪器在测量过程中能迅速地选择在最佳量程位置上,可防止数据溢出、信号过载和读数精度损失等现象。实现量程自动转换,关键在于根据输入信号的大小自动改变放大器的放大倍数或输入回路分压器的分压系数。

用微处理机控制自动转换量程是首先进行测量,然后将测量值与预先存储的超量程基准或者量程不足基准比较,从而判定量程的升降,并通过所控制的量程开关执行量程切换。同时显示出量程指示。此转换过程是在程序控制下进行的。

1. 对量程自动转换的一般要求

① 尽可能高的测量速度:例如,当在某量程中,发生超量程时,立即回到最高量程测量,然后将测量结果与各档的最高量程相比较,从而获得合适的当量。

而在降量程时(读数小于正在测量的降量程阈值时),只需将读数直接同较小量程阈值比较,就可直接找到正确的量程。

通常为了快速,第一次总是放在最高量程测试,然后将结果和已知各档的阈值比较,直接找到合适的量程。

② 确定性:指在升、降量程中,不应发生两个相邻量程间反复选择的现象。例如:220 V 满量程时,采用软件判断(1/10 分压后为 22 V),当测得电压低于 21 V 时,采用低量程测量,当测得电压高于 23 V 时,采用高量程测量。这样采用了 2 V 的回差避免了相邻量程间的反复选择。

③安全性:过载必须具有保护能力。市场上有专门的过压保护芯片。另外,如果前级用隔离放大器,一般耐压 2000 V 以上。

2. 量程变换举例

设电网电压信号的最大量程为 600 V(有效值),分为 0 V~3 V、0 V~30 V、0 V~300 V、0 V~600 V四个量程,电压量程变换电路的原理图如图 8-15 所示。

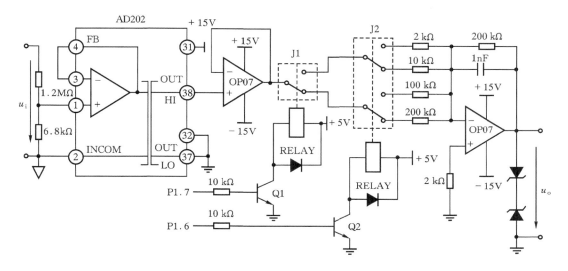

图 8-15 电压信号调理电路原理图

被测电压信号首先经输入端 1.2 MΩ 和 6.8 kΩ 的精密电阻固定系数分压,然后经隔离放大器 AD202 隔离,此时的电压信号范围为 0~3.4 V(有效值),再经过一级跟随电路,最后通过开关 J1、J2 接到 OP07 的反相输入端,经放大后输出到 A/D 转换器的模拟信号输入端。通过切换 OP07 的输入端电阻可以改变电压信号放大倍数,为了满足 A/D 转换器的输入要求,调理后的输出电压峰值必须小于 5 V。运放 OP07 的反馈电阻为 200 kΩ,四个量程对应的输入端电阻分别为:2 kΩ、10 kΩ、100 kΩ 和 200 kΩ。表 8-1 为各个电压量程对应的 OP07 的输入端电阻及相应的放大倍数。

表 8-1 电压量程与放大倍数

电压量程/V	OP07 输入电阻/kΩ	OP07 放大倍数
0~3	2	100
3~30	10	20
30~300	100	2
300~600	200	1

　　OP07 输入端电阻的切换由继电器完成,四个量程的切换需要使用两个继电器。继电器闭合触点由 J1 和 P1.7 的逻辑电平决定。如图 8-15 所示:当 P1.7 为"0"时,三极管 Q1 截止,继电器 J₁ 保持常闭状态;当 P1.7 为"1"则三级管 Q1 导通,继电器 J1 的线圈也导通,并闭合于上方的触点即常开闭合,常闭断开;同理当 P1.6 为"0"则三级管 Q2 截止,继电器 J2 保持常闭状态;P1.6 为"1"则三级管 Q2 导通,继电器 J2 的线圈也导通,并闭合于上方的触点。P1.7、P1.6 的逻辑电平与放大倍数及电压量程的关系见表8-2。

表 8-2　电压量程与 P1.7、P1.6 的逻辑电平

P1.7	P1.6	放大倍数	电压量程/V
0	0	1	300～600
0	1	2	30～300
1	0	20	3～30
1	1	100	0～3

　　每次测量电压时,首先使量程处于最高量程状态,然后调用量程自动转换程序实现量程的自动转换。如果在最高量程下测试值超出当前量程的上限阈值(即报警阈值),则迅速切断输入通路;如果测量值高于当前量程的上限阈值且当前量程不是最高量程,则切换至高一级量程;如果测量值低于当前量程的下限阈值且当前量程不是最低量程,则切换至低一级量程。量程的上下限阈值是在编程中事先设置好的,对于每一个量程,上限阈值应略大于高一级量程的下限阈值,下限阈值应小于低一级量程的上限阈值,即必须设置一定的回差,以防止继电器在相邻两个量程之间不断地来回切换。

　　使用 AD202 时应注意以下两点。

　　① AD202 的输出电阻为 7 kΩ,因而在其后接了一级跟随电路,提高测试仪的准确度。

　　②为保证测量的准确度,电阻均采用精度为 0.1%、温度系数为 20 ppm 的精密电阻。另外,在将调理后的信号输入到 A/D 转换器的模拟信号输入端之前,对地接两个方向相反的5.1 V稳压二极管,可以起到硬件超量程保护的作用,防止烧坏 A/D 芯片。

8.5　12 位 A/D 数据采集电路设计

8.5.1　芯片简介

1. 特点

12 位 A/D,1/2LSB 线性度;

单电源 5 V;

程序控制输入范围:±10 V、±5 V、0～10 V、0～5 V;

输入保护电压±16.5 V;

8 路模拟输入通道;

最小转换周期 6 μs;

具有内部和外部两种数据采集模式选择;

内部参考电压 4.096 V,也可外部输入;

两种低功耗模式;

具有内部和外部两种时钟模式。

2. MAX197 的引脚图及说明

MAX197 的引脚图如图 8 - 16 所示。

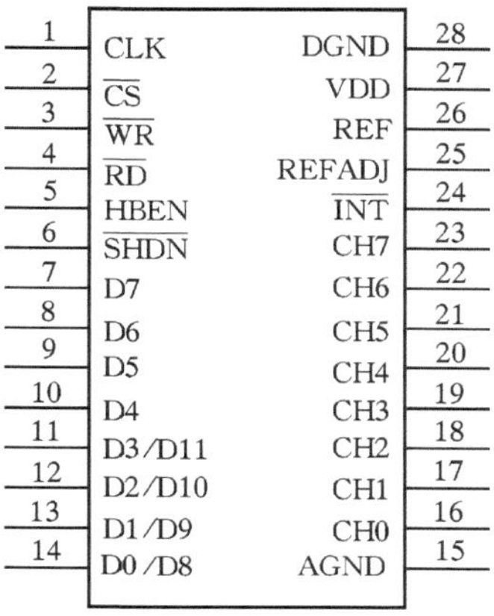

图 8 - 16　MAX197 引脚图

MAX197 的引脚说明如表 8 - 3 所示。

表 8 - 3　**MAX197 的引脚说明**

引脚号	名　称	功　能
1	CLK	内时钟 1.56 MHz,该引脚与地之间应接 100 pF 的电容。
2	$\overline{CS}$	片选,低电平有效。
3	$\overline{WR}$	写控制
4	$\overline{RD}$	读控制
5	HBEN	低电平时可读低 8 位结果;高电平时读高 4 位。
6	$\overline{SHDN}$	低电平时关闭芯片。
7—14	D7—D0	三态数据输入/输出口。HBEN 为 0 时,读低 8 位。
11—14	D11—D8	三态数据输出口。HBEN 为 1 时,读高 4 位。
15	AGND	模拟地。
16—23	CH0—CH7	模拟输入通道。
24	$\overline{INT}$	转换结束标志,低电平有效。
25	REF ADJ	电压参考外部调节端。
26	REF	参考缓冲输入。采用内部参考模式时,输出 4.096 V。
27	VDD	＋5 V 电源。
28	DGND	数字地。

3. 初始化控制字格式

D7	D6	D5	D4	D3	D2	D1	D0
PD1	PD0	ACQMOD	RNG	BIP	A2	A1	A0

其中各控制字的说明如下：

①A2、A1、A0——选择模拟通道号 0—7。

②BIP——极性选择。0 为双极性,1 为单极性。

③RNG——量程选择。RNG 与 BIP 配合使用;BIP、RNG＝00 时,输入范围0—5 V;BIP、RNG＝01 时,输入范围 0—10 V;BIP、RNG＝10 时,输入范围－5—＋5 V;BIP、RNG＝11 时,输入范围－10—＋10 V。

④ACQMOD——采集模式选择。0 为内部采集模式,1 为外部采集模式。

⑤PD1、PD0——时钟模式选择。当 PD1、PD0＝00 时,外部时钟操作模式;PD1、PD0＝01 时,内部时钟操作模式;PD1、PD0＝10 和 PD1、PD0＝11 时为省电模式。

8.5.2 12 位 A/D 数据采集与单片机的接口

1. A/D MAX197 与单片机的硬件连接

电路如图 8－17 所示。

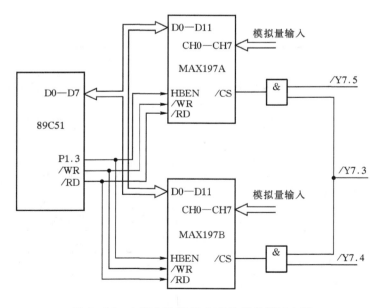

图 8－17 A/D MAX197 与单片机的接口电路

2. C 语言程序举例

(1) 异步采样子程序,先启动 MAX197A,读取采样结果并发送到 PC 机,再启动 MAX197B,读取采样结果并发送到 PC 机。

```
#include <reg52. h>
#include <stdio. h>
#include <absacc. h>
#include <intrins. h>

typedef unsigned char uchar;
typedef unsigned int   uint;

#define CS_A      XBYTE[0x5000]        /* MAX197A 的片选地址 */
#define CS_B      XBYTE[0x4000]        /* MAX197B 的片选地址 */
#define CS_ALL    XBYTE[0x3000]        /* 两片 MAX197 的片选地址 */
#define MAX197A 1
#define MAX197B 2
sbit   HBEN＝P1^3;


/* * * * * * * * * * * * * * * * * * * * * * * * * * * * * * *
延时子程序
* * * * * * * * * * * * * * * * * * * * * * * * * * * * * * */
void delay(uint time)
{
    while(time -);
}
/* * * * * * * * * * * * * * * * * * * * * * * * * * * * * * *
AD 采样子程序
id＝1 时,选择 MAX197A,id＝2 时,选择 MAX197B
ch 为采样通道号
* * * * * * * * * * * * * * * * * * * * * * * * * * * * * * */
uint ADconvert(uint id,uint ch)
{
    uint value;
    uint datH,datL;
    if((ch>=8) || (id > 2) || (id < 1))
        return 0xffff;
    if(id == MAX197A)
    {
        CS_A = 0x40 | ch;
        delay(1000);
        HBEN = 1;
        datH = CS_A;
```

```
            HBEN = 0;
            datL = CS_A;
        }
        else if(id == MAX197B)
        {
            CS_B=0x40 | ch;
            delay(1000);
            HBEN = 1;
            datH = CS_B;
            HBEN = 0;
            datL = CS_B;
        }
        datH   &= 0x0f;
        value   = datH * 256+datL;
        return (value);
    }
    main()
    {
        uint ad;
        SCON=0X52;
        TMOD=0X20;
        TH1=0XFD;          /* 波特率为 9600,晶振=11.0592M */
        TR1=1;
        /* 采集开始 */
        while(1)
        {
            ad=ADconvert(MAX197A,0);     /* 选择 MAX197A,通道 0 */
            printf("AD result A =%d\n",ad);
            ad=ADconvert(MAX197B,0);     /* 选择 MAX197B,通道 0 */
            printf("AD result B =%d\n",ad);
        }
    }
```

(2)同时采样子程序,同时启动两片 MAX197 进行采样,然后分别读取 MAX197A 和 MAX197B 的采样结果,并发送到 PC 机。

```
# include <reg52. h>
# include <stdio. h>
# include <absacc. h>
```

```
#include <intrins. h>

typedef unsigned char uchar;
typedef unsigned int   uint;

#define CS_A      XBYTE[0x5000]        /* MAX197A 的片选地址 */
#define CS_B      XBYTE[0x4000]        /* MAX197B 的片选地址 */
#define CS_ALL    XBYTE[0x3000]        /* 两片 MAX197 的片选地址 */
#define MAX197A 1
#define MAX197B 2
sbit    HBEN=P1^3;


/* * * * * * * * * * * * * * * * * * * * * * * * * * * * * *
延时子程序
 * * * * * * * * * * * * * * * * * * * * * * * * * * * * */
void delay(uint time)
{
    while(time--);
}
/* * * * * * * * * * * * * * * * * * * * * * * * * * * * * *
启动同步 AD 采样子程序
ch 为采样通道号
 * * * * * * * * * * * * * * * * * * * * * * * * * * * * */
uint StartSample(uint ch)
{
    if(ch>=8)
        return 0xffff;
    CS_A = 0x40 | ch;
    delay(1000);
}
/* * * * * * * * * * * * * * * * * * * * * * * * * * * * * *
读取 AD 采样结果子程序
id=1 时,选择 MAX197A,id=2 时,选择 MAX197B
 * * * * * * * * * * * * * * * * * * * * * * * * * * * * */
uint ReadResult(uint id)
{
    uint value;
    uint datH,datL;
    if((id > 2) || (id < 1))
```

```
        return 0xffff;
    if(id == MAX197A)
    {
        HBEN = 1;
        datH = CS_A;
        HBEN = 0;
        datL = CS_A;
    }
    else if(id == MAX197B)
    {
        HBEN = 1;
        datH = CS_B;
        HBEN = 0;
        datL = CS_B;
    }
    datH  &= 0x0f;
    value  = datH * 256 + datL;
    return (value);
}
main()
{
    uint ad;
    SCON=0X52;
    TMOD=0X20;
    TH1=0XFD;          /*  波特率为 9600,晶振=11.0592MHz */
    TR1=1;
    /* 采集开始 */
    while(1)
    {
        StartSample(0);
        ad=ReadResult(MAX197A);          /* 读取 MAX197A 采样结果 */
        printf("AD result A = %d\n",ad);
        ad=ReadResult(MAX197B);          /* 读取 MAX197B 采样结果 */
        printf("AD result B = %d\n",ad);
    }
}
```

本章小结

　　本章简要地讲述一个最简单的应用系统设计,要求掌握以下几点。

　　(1)熟悉基于单片机测控系统的基本结构,传感器的弱信号输入及调理电路、采样保持电路多通道数据采集的结构形式。

　　(2)了解量程的自动转换电路设计原则,输入通道与强电之间的隔离和两片 12 位 A/D 同步数据采集电路接口设计与编程。

　　这些内容很重要,可通过后续的电子设计训练实践环节和毕业设计逐步掌握。

附录 1 MCS−51 单片机的指令系统

Rn——通用寄存器 R0—R7；Ri——8 位地址指针的 R0 和 R1(i＝0,1)；♯data——8 位立即数；♯data16——16 位立即数；bit——直接位地址。direct——8 位片内 RAM 或 SFR 区的直接地址；rel——8 位偏移量；addr16/addr11——外部程序存储器的 16 位或 11 位地址。

1. 传送、交换、栈出入指令

助记格式	机器操作码	说　明	字节数	机器周期
MOV A,Rn	E8—EF	寄存器传送到累加器 A	1	1
MOV A,direct	E5 direct	直接地址传送到累加器 A	2	1
MOV A,@Ri	E6、E7	间接 RAM 传送到累加器 A	1	1
MOV A,♯data	74 data	立即数传送到累加器 A	2	1
MOV Rn,A	F8—FF	累加器 A 传送到寄存器	1	1
MOV Rn,direct	A8—AF direct	直接地址传送到寄存器	2	2
MOV Rn,♯data	78—7F data	立即数传送到寄存器	2	2
MOV direct,A	F5 direct	累加器 A 传送到直接地址	2	1
MOV direct,Rn	88—8F direct	寄存器传送到直接地址	2	2
MOV direct,direct	85 direct direct	直接地址传送到直接地址	3	2
MOV direct,@Ri	86、87 direct	间接 RAM 传送到直接地址	2	2
MOV direct,♯data	75 direct data	立即数传送到直接地址	3	2
MOV @Ri,A	F6、F7	累加器 A 传送到间接 RAM	1	1
MOV @Ri,direct	A6、A7 direct	直接地址传送到间接 RAM	2	2
MOV @Ri,♯data	76、77 data	立即数传送到间接 RAM	2	1
MOV DPTR,♯data16	90 data 15—8 data 7—0	16 位常数加载到数据指针	3	2
MOVC A,@A＋DPTR	93	代码字节传送到累加器 A	1	2
MOVC A,@A＋PC	83	代码字节传送到累加器 A	1	2
MOVX A,@Ri	E2、E3	外部 RAM(8 地址)传送到 A	1	2
MOVX A,@DPTR	E0	外部 RAM(16 地址)传送到 A	1	2
MOVX @Ri,A	F2、F3	累加器 A 传送到外部 RAM	1	2
MOVX @DPTR,A	F0	累加器 A 传送到外部 RAM	1	2
PUSH direct	C0 direct	直接地址压入堆栈	2	2

续 1

助记格式	机器操作码	说　明	字节数	机器周期
POP direct	D0 direct	从堆栈中弹出直接地址	2	2
XCH A,Rn	C8—CF	寄存器和累加器 A 交换	1	1
XCH A,direct	C5 dierct	直接地址和累加器 A 交换	2	1
XCH A,@Ri	C6、C7	间接 RAM 和累加器 A 交换	1	1
XCHD A,@Ri	D6、D7	间接 RAM 和 A 交换低 4 位字节	1	1
SWAP A	C4	累加器 A 高、低 4 位交换	1	1

2. 算术、逻辑运算类指令

助记格式	机器操作码	说　明	字节数	机器周期
ADD A,Rn	28—2F	寄存器与累加器 A 求和	1	1
ADD A,direct	25 direct	直接地址与累加器 A 求和	2	1
ADD A,@Ri	26、27	间接 RAM 与累加器 A 求和	1	1
ADD A,♯data	24 data	立即数与累加器 A 求和	2	1
ADDC A,Rn	38—3F	寄存器与累加器 A 求和	1	1
ADDC A,direct	35 direct	直接地址与累加器 A 求和位)	2	1
ADDC A,@Ri	36、37	间接 RAM 与累加器 A 求和	1	1
ADDC A,♯data	34 data	立即数与累加器 A 求和	2	1
SUBB A,Rn	98—9F	累加器 A 减去寄存器(带借位)	1	1
SUBB A,direct	95 direct	累加器 A 减去直接地址(带借位)	2	1
SUBB A,@Ri	96、97	累加器 A 减去间接 RAM(带借位)	1	1
SUBB A,♯data	94 data	累加器 A 减去立即数(带借位)	2	1
INC A	04	累加器 A 加 1	1	1
INC Rn	08—0F	寄存器加 1	1	1
INC direct	05 direct	直接地址加 1	2	1
INC @Ri	06、07	间接 RAM 加 1	1	1
DEC A	14	累加器 A 减 1	1	1
DEC Rn	18—1F	寄存器减 1	1	1
DEC direct	15 direct	直接地址减 1	2	1
DEC @Ri	16、17	间接 RAM 减 1	1	1
INC DPRT	A3	数据指针加 1	1	2
MUL AB	A4	累加器 A 乘以 B 寄存器	1	4
DIV AB	84	累加器 A 除以 B 寄存器	1	4
DA A	D4	累加器 A 十进制调整	1	1

续 2

助记格式	机器操作码	说明	字节数	机器周期
ANL A,Rn	58—5F	寄存器"与"到累加器 A	1	1
ANL A,direct	55 direct	直接地址"与"到累加器 A	2	1
ANL A,@Ri	56、57	间接 RAM"与"到累加器 A	1	1
ANL A,♯data	54 data	立即数"与"到累加器 A	2	1
ANL direct,A	52 direct	累加器 A"与"到直接地址	2	1
ANL direct,♯data	53 direct data	立即数"与"到直接地址	3	2
ORL A,Rn	48—4F	寄存器"或"到累加器 A	1	1
ORL A,direct	45 direct	直接地址"或"到累加器 A	2	1
ORL A,@Ri	46、47	间接 RAM"或"到累加器 A	1	1
ORL A,♯data	44 data	立即数"或"到累加器 A	2	1
ORL direct,A	42 direct	累加器 A"或"到直接地址	2	1
ORL direct,♯data	43 direct data	立即数"或"到直接地址	3	2
XRL A,Rn	68—6F	寄存器"异或"到累加器 A	1	1
XRL A,direct	65 direct	直接地址"异或"到累加器 A	2	1
XRL A,@Ri	66、67	间接 RAM"异或"到累加器 A	1	1
XRL A,♯data	64 data	立即数"异或"到累加器 A	2	1
XRL direct,A	62 direct	累加器 A"异或"到直接地址	2	1
XRL direct,♯data	63 direct data	立即数"异或"到直接地址	3	2
CLR A	E4	累加器 A 清零	1	1
CPL A	F4	累加器 A 求反	1	1
RL A	23	累加器 A 循环左移	1	1
RLC A	23	带进位累加器 A 循环左移	1	1
RR A	03	累加器 A 循环右移	1	1
RRC A	13	带进位累加器 A 循环右移	1	1

3. 转移类指令

助记格式	机器操作码	说明	字节数	机器周期
ACALL addr11	＊1 addr(a_7—a_0)	绝对调用子程序	2	2
LCALL addr16	12 addr(15—8) addr(7—0)	长调用子程序	3	2
RET	22	从子程序返回	1	2
RETI	32	从中断服务子程序返回	1	2

续 3

助记格式	机器操作码	说　明	字节数	机器周期
AJMP addr11	$\triangle$1 addr$(a_7 - a_0)$	无条件绝对转移	2	2
LJMP addr16	02 addr(15—8) addr(7—0)	无条件长转移	3	2
SJMP rel	80 rel	无条件相对转移	2	2
JMP @A+DPRT	73	相对 DPRT 的无条件间接转移	1	2
JZ rel	60 rel	累加器 A 为零则转移	2	2
JNZ rel	70 rel	累加器 A 为非零则转移	2	2
CJNE A,direct,rel	B5 direct rel	比较直接地址和 A,不相等转移	3	2
CJNE A,♯data,rel	B4 data rel	比较立即数和 A,不相等转移	3	2
CJNE Rn,♯data,rel	B8—BF data rel	比较寄存器和 A,不相等转移	3	2
CJNE@Ri,♯data,rel	B6、B7 data rel	比较立即数和间接 RAM,不相等转移	3	2
DJNZ Rn,rel	D8—DF rel	寄存器减 1,不为零则转移	2	2
DJNZ direct,rel	B5 direct rel	直接地址减 1,不为零则转移	3	2
NOP	00	空操作	1	1

注：＊1 addr$(a_7 \sim a_0)$表示指令 ACALL addr11 的机器码为：a_{10} a_9 a_8 10001 a_7 a_6 a_5 a_4 a_3 a_2 a_1 a_0

　　　$\triangle$1 addr$(a_7 \sim a_0)$表示指令 AJMP addr11 的机器码为：a_{10} a_9 a_8 00001 a_7 a_6 a_5 a_4 a_3 a_2 a_1 a_0

4. 布尔类指令

助记格式	机器操作码	说　明	字节数	机器周期
CLR C	C3	清零进位	1	1
CLR bit	C2 bit	清零直接寻址位	2	1
SETB C	D3	置位进位	1	1
SETB bit	D2 bit	置位直接寻址位	2	1
CPL C	B3	进位的位取反	1	1
CPL bit	B2 bit	直接寻址的位取反	2	1
ANL C,bit	82 bit	直接寻址的位"与"到进位位上	2	2
ANL C,/bit	B0 bit	直接寻址位取反"与"到进位上	2	2
ORL C,bit	72 bit	直接寻址的位"或"到进位位上	2	2
ORL C,/bit	A0 bit	直接寻址位取反"或"到进位上	2	2
MOV C,bit	A2 bit	直接寻址的位传送到进位位上	2	1

续 4

助记格式	机器操作码	说　明	字节数	机器周期
MOV bit,C	92 bit	进位位传送到直接寻址的位上	2	2
JC rel	40 rel	如果进位为 1,则转移	2	2
JNC rel	50 rel	如果进位为 0,则转移	2	2
JB bit,rel	20 bit rel	如果直接寻址的位为 1,则转移	3	2
JNB bit,rel	30 bit rel	如果直接寻址的位为 0,则转移	3	2
JBC bit,rel	10 bit rel	直接寻址位为 1 则转移并清该位	3	2

附录 2 ASCII 码字符表

高位 低位		0 000	1 001	2 010	3 011	4 100	5 101	6 110	7 111
0	0000	NUL	DLE	SP	0	@	P	'	p
1	0001	SOH	DC1	!	1	A	Q	a	q
2	0010	STX	DC2	"	2	B	R	b	r
3	0011	ETX	DC3	#	3	C	S	c	s
4	0100	EOT	DC4	$	4	D	T	d	t
5	0101	ENQ	NAK	%	5	E	U	e	u
6	0110	ACK	SYN	&	6	F	V	f	v
7	0111	BEL	ETB	'	7	G	W	g	w
8	1000	BS	CAN	(	8	H	X	h	x
9	1001	HT	EM	)	9	I	Y	i	y
A	1010	LF	SUB	*	:	J	Z	j	z
B	1011	VT	ESC	+	;	K	[	k	{
C	1100	FF	FS	,	<	L	\	l	|
D	1101	CR	GS	—	=	M	]	m	}
E	1110	SO	RS	.	>	N	↑	n	~
F	1111	SI	US	/	?	O	←	o	DEL

表中符号说明：

NUL	空	DLE	数据链换码
SOH	标题开始	DC1	设备控制 1
STX	正文结束	DC2	设备控制 2
ETX	本文结束	DC3	设备控制 3
EOT	传输结束	DC4	设备控制 4
ENQ	询问	NAK	否定
ACK	承认	SYN	空转同步
BEL	报警符	ETB	信息组传送结束
BS	退一格	CAN	作废
HT	横向列表	EM	纸尽
LF	换行	SUB	减

VT	垂直制表	ESC	换码
FF	走纸控制	FS	文字分隔符
CR	回车	GS	组分隔符
SO	移位输出	RS	记录分隔符
SI	移位输入	US	单元分隔符
SP	空格	DEL	作废

附录 3　Keil 51 编译指南

1. 打开 Keil 51 软件,首先弹出一个开机启动画面,如下图所示:

2. 然后进入 Keil 51 的开发界面。下面简要介绍一下 Keil 51 开发环境中各个区域的功能。

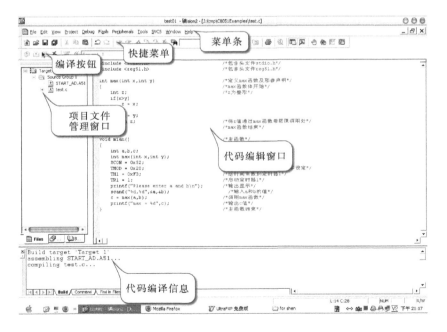

Keil 51 开发环境可以分为四个区域,分别为:菜单条、项目文件管理窗口、代码编辑窗口和代码编译信息窗口四个部分。

　　菜单条分为十项,所有的命令都可以在这里找到。下面的两排是一些常用的菜单命令,如文件的打开、关闭及保存。其中编译命令最为常用。

　　中间靠左是项目文件管理窗口,这里可以看到当前项目中所包含的所有带编译的文件。项目文件管理窗口的右侧是代码编辑窗口,这是我们最主要的工作区域。

　　最底层显示了代码编译的信息。当代码有语法错误时,可以在这里轻松地找到问题的所在。

　　3.下面以建立一个简单的项目为例,来说明 Keil 51 开发项目的一般方法。单击 Project菜单项,选择 New Project 项。

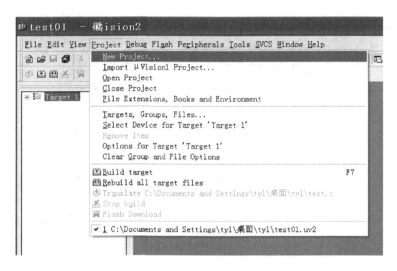

　　4.此时弹出如下 Create New Project 对话框,选择合适的路径后,在文件名一栏中填入新工程的名字。单击保存。

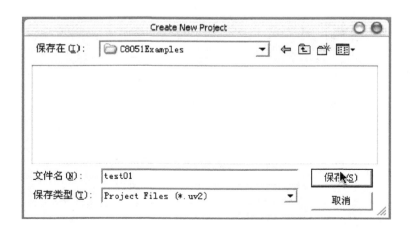

　　5.根据所用的器件,选择 CPU 的型号,单击确定。

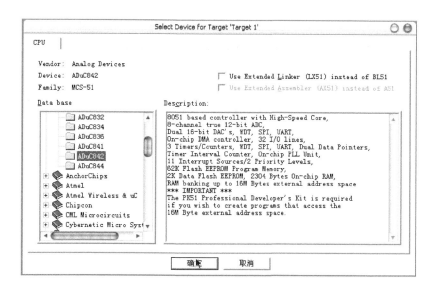

6. Keil 51 询问是否生成默认的配置文件,这个可选可不选,这里选定。单击 Yes,观察项目文件管理窗口的变化。

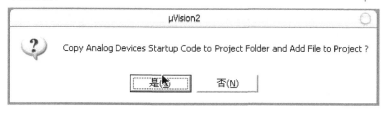

7. 在 File 菜单下单击 New 选项,新建文件。

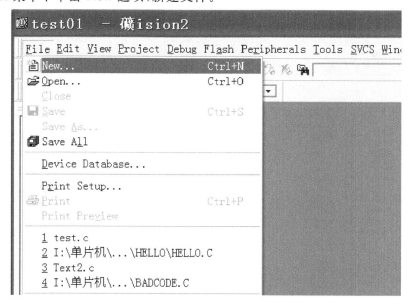

此时在代码编辑窗口出现一"Text1"空白文档。见下图。

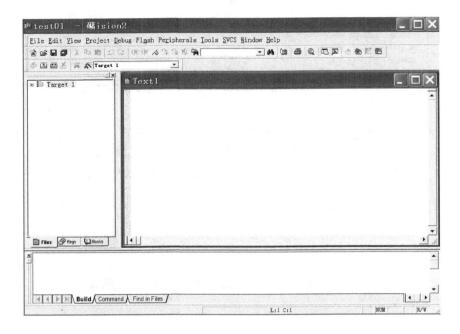

8. 在"Text1"中编辑完代码后,单击 File 菜单中的保存项,弹出保存对话框。保存名写为 test.c。单击保存。注意在对文件命名时必须加扩展名。

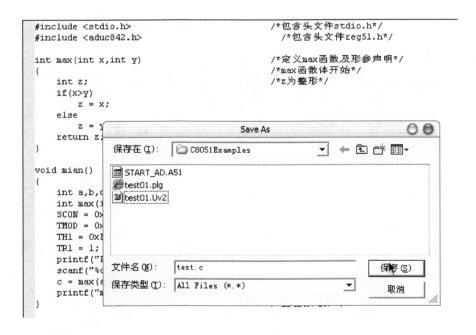

9. 在项目导航栏中 Source Group 上单击右键，选 Add File to Group 'Source Group 1'。

10. 此时弹出 Add File 对话框。选中刚才保存的 test.c 文件。单击 Add。

此时在项目文件管理窗口中就会出现刚才所添加的文件 test.c，见下图。

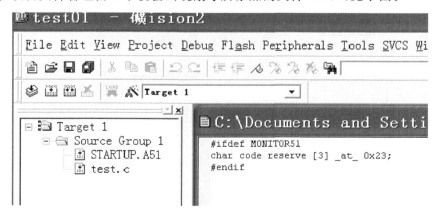

11. 单击快捷菜单栏中的编译按钮 ，可以编译程序。此时 Build 栏中显示如下图。

12. 单击 Project 菜单项，选择 Option for Target 'Target 1'选项。如图：

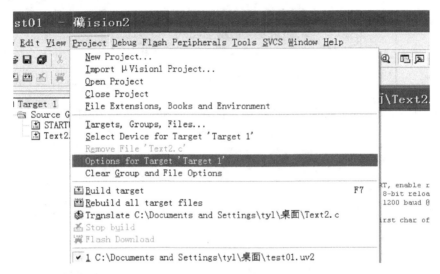

在弹出的对话框中可以对 Project 进行总体的配置。如下图。

13. 选择 Output 选项卡，单击 Create HEX File，代码输出格式应为 HEX-80。

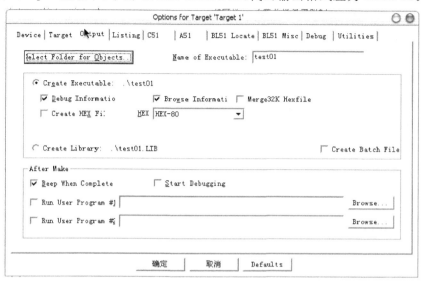

14. 单击确定后，并重新编译。可以看到编译成功之后，Build 选项卡里又多了一项。这是生成的 HEX 文件。

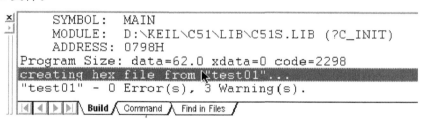

15. 单击 Debug 菜单项中的 Start/Stop Debug Session 命令或工具栏中的 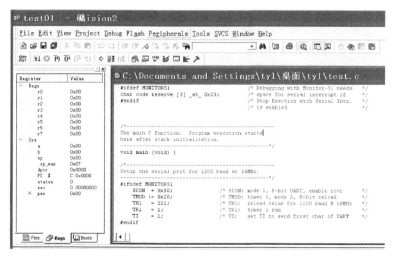 进入调试界面。

16. 单击调试界面 Debug 菜单项中的 Go 命令或工具栏中的 运行程序, 单击 Stop Running 命令或 来结束程序. 观察运行结果, 若结果正确, 便可通过下载软件将它烧写到目标板上去。

这样, 一个简单的 Keil 51 下的项目就完成了。

注: Keil 51 对汇编语言文件的编译调试步骤和对 C 语言的编译调试基本上是一样的, 只是在第 8 步中用汇编语言进行代码的编写, 并在保存文件时将扩展名加成 .asm。

附录 4　C 语言中的关键字

4.1　C 语言中的关键字

auto	double	int	struct	break	else
long	switch	case	enum	register	typedef
char	extern	return	union	const	float
short	unsigned	continue	for	signed	void
default	goto	sizeof	volatile	do	if
while	static				

4.2　Keil C51 中新增的关键字

-at-	alien	bdata	bit	code	compact
data	far	idata	interrupt	large	pdata
-priority-	reentrant	sbit	sfr	sfr16	small
-task-	using	xdata			

附录 5　C 语言中的运算符及其优先级

优先级	运算符	名称或含义	使用形式	结合方向	说明
1	〔 〕	数组下标	数组名〔常量表达式〕	左到右	
	（ ）	圆括号	（表达式）/ 函数名（形参表）		
	.	成员选择（对象）	对象.成员名		
	－>	成员选择（指针）	对象指针－>成员名		
2	－	负号运算符	－表达式	右到左	单目运算符
	（类型）	强制类型转换	（数据类型）表达式		
	＋＋	自增运算符	＋＋变量名/变量名＋＋		单目运算符
	－	自减运算符	-变量名/变量名-		单目运算符
	*	取值运算符	* 指针变量		单目运算符
	&	取地址运算符	& 变量名		单目运算符
	！	逻辑非运算符	！表达式		单目运算符
	～	按位取反运算符	～表达式		单目运算符
	sizeof	长度运算符	sizeof（表达式）		
3	/	除	表达式/表达式	左到右	双目运算符
	*	乘	表达式 * 表达式		双目运算符
	%	余数（取模）	整型表达式/ 整型表达式		双目运算符
4	＋	加	表达式＋表达式	左到右	双目运算符
	－	减	表达式－表达式		双目运算符
5	<<	左移	变量<<表达式	左到右	双目运算符
	>>	右移	变量>>表达式		双目运算符
6	>	大于	表达式>表达式	左到右	双目运算符
	>=	大于等于	表达式>=表达式		双目运算符
	<	小于	表达式<表达式		双目运算符
	<=	小于等于	表达式<=表达式		双目运算符
7	==	等于	表达式==表达式	左到右	双目运算符
	!=	不等于	表达式! = 表达式		双目运算符

优先级	运算符	名称或含义	使用形式	结合方向	说明
8	&	按位与	表达式 & 表达式	左到右	双目运算符
9	^	按位异或	表达式 ^ 表达式	左到右	双目运算符
10	|	按位或	表达式 | 表达式	左到右	双目运算符
11	&&	逻辑与	表达式 && 表达式	左到右	双目运算符
12	||	逻辑或	表达式 || 表达式	左到右	双目运算符
13	?:	条件运算符	表达式 1 ? 表达式 2 ： 表达式 3	右到左	三目运算符
14	=	赋值运算符	变量 = 表达式	右到左	
	/=	除后赋值	变量 /= 表达式		
	*=	乘后赋值	变量 * = 表达式		
	%=	取模后赋值	变量 %= 表达式		
	+=	加后赋值	变量 + = 表达式		
	-=	减后赋值	变量 - = 表达式		
	<<=	左移后赋值	变量 <<= 表达式		
	>>=	右移后赋值	变量 >>= 表达式		
	&=	按位与后赋值	变量 &= 表达式		
	^=	按位异或后赋值	变量 ^ = 表达式		
	|=	按位或后赋值	变量 |= 表达式		
15	,	逗号运算符	表达式,表达式,…	左到右	从左向右 顺序运算

附录 6　常用的库函数

数学函数，数学函数包含在"math. h"头文件中。

函数名	函数原形	功能	返回值	说明
abs	int abs(int x);	求整数 x 的绝对值	整形	
acos	double acos(double x);	计算 $\cos^{-1}(x)$ 的值	浮点形结果	x 应在 -1 到 1 之内
asin	double asin(double x);	计算 $\sin^{-1}(x)$ 的值	浮点形结果	
atan	double atan(double x);	计算 $\tan^{-1}(x)$ 的值	浮点形结果	
atan2	double atan2(double x,double y);	计算 $\tan^{-1}(x/y)$ 的值	浮点形结果	
cos	double cos(double x);	计算 $\cos(x)$ 的值	浮点形结果	x 单位为弧度
cosh	double cosh(double x);	计算 $\cosh(x)$ 的值	浮点形结果	
exp	double exp(double x);	计算 e^x 的值	浮点形结果	
fabs	double fabs(double x);	计算 x 的绝对值	浮点形结果	
floor	double floor(double x);	计算不大于 x 的最大整数	浮点形结果	
fmod	double fmod(double x,double y);	计算 x/y 的余数	浮点形结果	
frexp	double frexp(double val,int * eptr);	把双精度数 val 分解为 $val = x * 2^n$ 的形式，n 存放于 * eptr 中。	数字部分 x	x 的范围为 0.5—1.0
log	double log(double x);	计算 $\log_e x$，即 lnx	浮点形结果	
$\log_{10}$	double log 10(double x);	计算 $\log_{10} x$	浮点形结果	
modf	double modf(double x,int * iptr);	把双精度数 val 分解为整数部分与小数部分，整数部分存入 * iptr 中	小数部分	
pow	double pow(double x,double y);	计算 x^y 的值	浮点形结果	
rand	double rand(void);	产生 -90—32767 的随机整数	随机整数	

函数名	函数原形	功能	返回值	说明
sin	double sin(double x);	计算 sin(x)的值	浮点形结果	x 单位为弧度
sinh	double sinh(double x);	计算 sinh(x)的值	浮点形结果	
sqrt	double sqrt(double x);	计算 x 的算术开方	浮点形结果	x>=0
tan	double tan(double x);	计算 tan(x)的值	浮点形结果	x 单位为弧度
tanh	double tanh(double x);	计算 tanh(x)的值	浮点形结果	

字符或字符串函数，这些函数包含在"string. h"头文件中。

函数名	函数原形	功能	返回值	说明
strcmp	int strcmp(char * str1,char * str2);	比较两个字符串 str1,str2	str1<str2,返回负数，str1=str2,返回 0，str1>str2,返回正数。	
strcpy	int strcpy(char * str1, char * str2);	把 str2 指向的字符串复制到 str1 中去。	返回 str1。	
strcat	int strcat(char * str1, char * str2);	把 str2 指向的字符串复制到 str1 中去。str1 后的'\0'被取消	返回 str1。	
strlen	int strlen(char * str);	计算 str 所指的字符串的长度,不包括'\0'	返回字符串个数	

参考文献

[1] 薛钧义,张彦斌.MCS—51/96 系列单片微型计算机及其应用[M].西安:西安交通大学出版社,1997.8.

[2] 胡汉才.单片机原理及其接口技术[M].北京:清华大学出版社,1996.7.

[3] 张鑫,华臻,陈书谦.单片机原理及应用.[M]北京:电子工业出版社,2005.8.

[4] 申忠如,郭福田,丁晖.现代测试技术与系统设计[M].2 版.西安:西安交通大学出版社,2009.10.

[5] 姜志海,黄玉清,刘连鑫,等.单片机原理及应用[M].北京:电子工业出版社,2005.7.

[6] 王建校,杨建国,宁改娣,等.51 系列单片机及 C51 程序设计[M].北京:科学出版社,2002.4.

[7] 李艳华,沙晓燕.C 语言程序设计[M].北京:科学出版社,2004.8.

[8] 谭浩强.C 程序设计(3 版)[M].北京:清华大学出版社,2005.7.

[9] 周坚.单片机 C 语言轻松入门[M].北京:北京航空航天大学出版社,2006.7.

[10] 何立民.MCS—51 系列单片机应用系统设计、系统配置与接口技术[M].北京:北京航空航天大学出版社,1989.4.

[11] Philips.PCF8563 Data Sheet[OL].http://www.semiconductors.philips.com

[12] Texas Instruments.TLC2543 Data Sheet[OL].http://www.ti.com

[13] ALTERA.EPM7128ELC84—15 Data Sheet[OL].2001;11.http://www.altera.com

[14] LCM12864.参考资料[OL].http://www.qingyun—it.com/

[15] 迅普 SP 系列打印机资料[OL].http://www.siupo.com/